空防論

現代空權的發展與遠景

米契爾 Willam "Billy" Mitchell

Winged Defense: The Development and Possibilities of Modern Air Power--Economic and Military

唐恭權——————譯

威廉・「比利」・米契爾的將官戎裝。

米契爾的英姿，他是與杜黑、特倫查德齊名的空權理論先驅。

美國陸軍航空勤務隊招募海報，當時飛船還是很重要的航空器。

在很短的一段時間，齊柏林飛船是空中橫渡大西洋的主要交通工具，下方是紐約市。

米契爾在 1908 年見證萊特做飛行表演，最後真的投入航空事業的發展。

米契爾認為飛船是比火車成本更低廉的交通工具。

1920 年，米契爾站在 VE-7 藍鳥式飛機身旁留影，這型飛機在一戰期間擔任戰鬥、觀測與訓練機的角色。

編隊飛行通過大西洋城的柯蒂斯 B-2 轟炸機，飛行員從高空俯覽的經驗，被認為對於看待國土規劃的視角也會有所不同。

美國第一台自製的自由型航空發動機，為美國日後在航空發展上奠定了重要的一步。

美國陸軍航空勤務隊的作戰調度室，這也是最早期的空中作戰指揮中心。

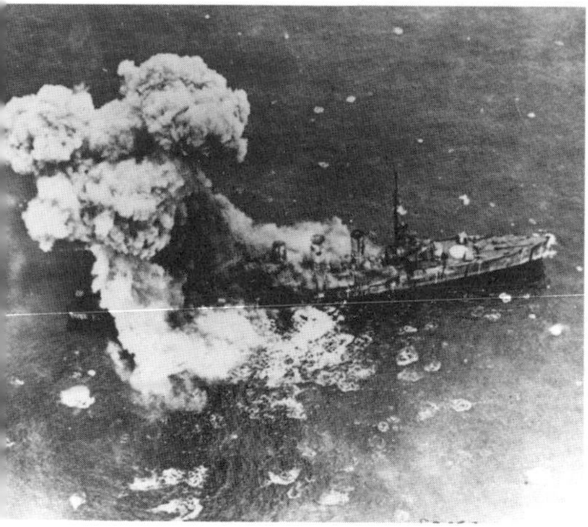

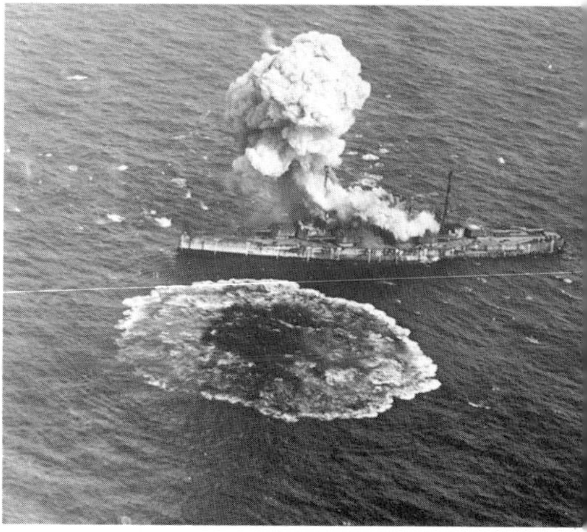

軍事史上第一次的飛機轟炸軍艦的實驗，使得海軍的生存受到考驗，也為航空戰力的實力背書。

米契爾因激烈言論惹禍上身，最後憤而離開軍隊，無緣見到他的遠景在 1947 年成真。

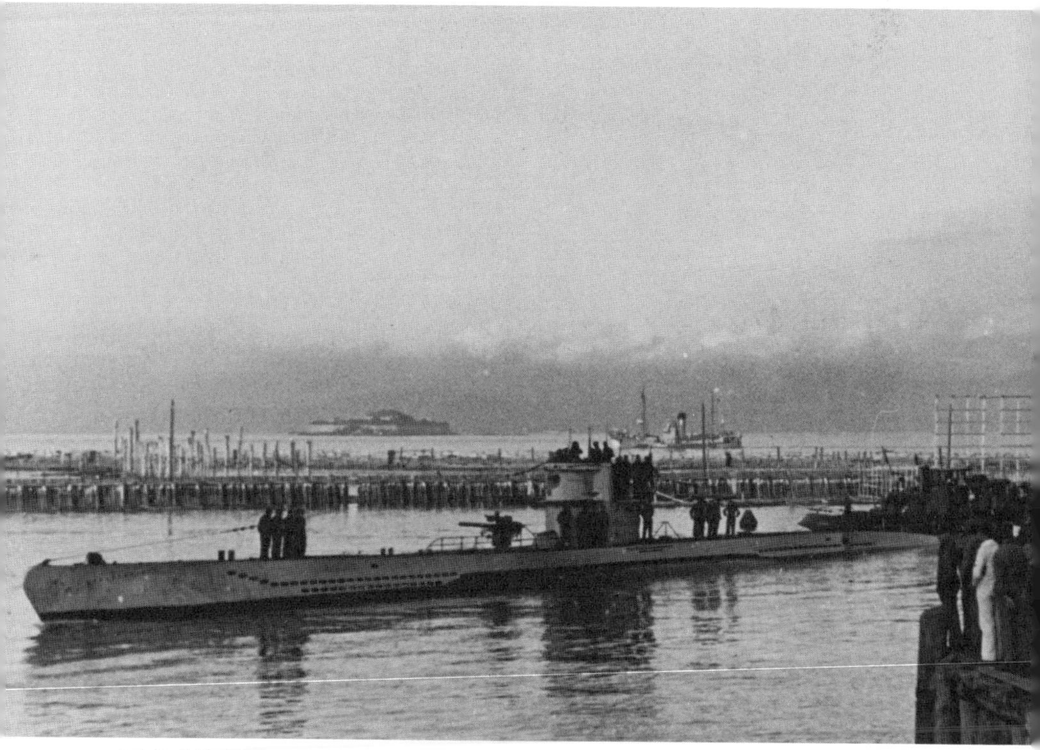
米契爾的論述認為，水面艦將失去優勢，潛艦反而會是未來的主角。

一架以米契爾為名的轟炸機—B-25 正攻擊航行中的日本軍艦，米契爾的實驗最終成為真實的戰例。

米契爾的理念是要綜合多機種分工協調作戰，這樣的概念至今依然為美國航空戰力所遵循。

目錄
CONTENTS

只有飛機才能對抗敵機的襲擊

——米契爾

編序

米契爾——其人、其事、其書

威廉・「比利」・米契爾（William Lendrum Mitchell），美國空年之父，與義大利的杜黑（Giulio Douhet）、英國的特倫查德（Hugh Trenchard）同列世界空權三大先驅。出生於一八七九年十二月二十九日的法國尼斯市，父親約翰・米契爾，是來自威斯康辛州的民主黨籍參議員。三歲時，隨父親回到威斯康辛州密爾沃基（Milwaukee）的家裡。

一八九八年四月，美西戰爭爆發，五月十四日，米契爾投筆從戎，加入威斯康辛州第一步兵團，從一名二等兵開始做起，隸屬於美國志願軍（United States Volunteers），他父親約翰在南北戰爭期間也曾是該團的軍官。參軍期間曾前往古巴以及菲律賓，同年六月八日轉任通信團（U.S. Army Signal Corps）少尉，二十四歲時成為美國陸軍最年輕的上尉。一直到他參與第一次世界大戰期間至一九一七年十月十日升做上校為止，他都是隸屬於通信團的軍官，但這時已經是正規的陸軍了。在他的軍人生涯中，米契爾對於新科技總是保持開放且積極投入的態度。

美西戰爭結束以後，米契爾留在軍中，成為一名職業軍人，派駐在阿拉斯加。踏入新世紀，美國國會通過一筆高達四十五萬美元的預算，為美國在所有位於偏遠地區以及阿拉斯加的美國陸軍駐地建立通訊系統。米契爾參與了「華盛頓－阿拉斯加軍事通訊與電報系統」（Washington-Alaska Military Cable and Telegraph System，WAMCATS）的架設任務。一九〇六年，陸軍通訊學校在堪薩斯州（Kansas）萊文沃思堡（Fort Leavenworth）成立，當時米契爾就已經預言未來戰爭的決戰將是發生在空中，而不是在陸地。這個時候的米契爾都還沒有開始學習飛行呢。

一九〇七年至一九〇九年，他到萊文沃思堡的美國陸軍指揮參謀學院（United States Army Command and General Staff College）前身Army School of the Line and the Staff College進修，這使得他有機會在一九一二年以參謀的身份派駐在美墨邊境。

米契爾與飛行有關的經歷，最早發生在一九〇八年九月。當時，萊特兄弟中的弟弟，奧維爾．萊特（Orville Wright）在維吉尼亞州鄰近阿靈頓公墓的陸軍營區梅爾堡（Fort Myer，如今稱梅爾－亨德森軍事基地，Joint Base Myer–Henderson Hall）進行飛行表演，爭取美國陸軍的採購訂單。米契爾在現場親眼觀看了這一連串的展示。也在這一次的表演，發生了有史以來的第一次致命性的空難。奧維爾．萊特受傷，同機乘客，湯瑪斯．塞爾弗里奇中尉（Thomas Selfridge）罹難。一九〇八年九月十七日，成為歷史性的一刻——第一宗有人喪命的空難。然而，這並沒有讓米契爾對飛行產生恐懼。

一九一五年，米契爾分派到通信團附屬飛行組，從此開啟他的飛行與倡導空權主義的生涯。一九一六年秋天，米契爾向紐波紐斯的（Newport News）「柯蒂斯飛行學校」（Curtiss Aviation School）報到，他利用自己的公餘時間，繳交一四七〇美元，經過十五個小時、三十架次的訓練以後，他掌握了飛行的基本知識，並且升上少校。就在他成功單飛的兩天以後的九月六日，美國陸軍為因應即將可能投入發生在歐洲的第一次世界大戰，指定柯蒂斯飛行學校紐波紐斯分校為主要的飛行訓練學校。在戰爭結束之前，該校將為美國軍方訓練超過一千名的飛行員投入戰場。

一九一七年四月，美國宣布參與歐洲的戰爭，當時以觀察員到法國赴任的米契爾看著空軍在戰爭需要的情況下快速的發展。同年六月，他接任美國遠征軍（American Expeditionary Forces）中校飛行軍官一職。戰爭期間他只要有機會一定會飛上天，他還成為第一個飛越敵軍上空的美國飛行員。一九一八年五月，米契爾擔任美軍第一軍（I Corps）的空軍上校指揮官，也是他職業生涯中的第一個高峰。由於他的積極進取，美國在一戰後期可以說是處於整個協約國空軍的主導地位。

一九一八年九月，他徵集了協約國的一四八一架軍機——是當時最大規模的飛行機隊——對聖米耶（Saint-Mihiel）實施轟炸，支援美國陸軍的地面作戰。由於美國的飛機總數也才不過六五〇架，其中大部分的飛機都是從英、法、義等國臨時借來的。這一次的作戰行動超越一戰西線戰場過去的任何一場戰役的規模，尤其是展現在空軍軍機的出動上更是如此。這也是第一次陸空聯合作戰的案例。美軍在該次戰役共造成德軍兩萬兩千人的損失，其中包括兩千人陣亡、五千五百人受傷、一萬五千人被俘。當時美國陸軍的空中勤務隊（United States Army Air Service）才要開始嶄露頭角。

十月九日，他以集團軍航空指揮官的身份，指揮默茲-阿格納戰役（Meuse-Argonne Campaign）。米契爾指揮龐大的轟炸機隊攻擊德軍的後方，總共對德國陣地投下了七十九噸的空投炸彈，使德軍蒙受巨大的損失。米契爾也因此役戰功在十月十四日升上准將（戰時官階），並接管指揮美國陸軍所有的飛行部隊。在此之前，飛行隊都是以兵科分屬的方式，分配給所有的步兵師協同作戰。協約國部隊這時已經推進到鄰近德國邊界，米契爾規劃下一階段要對德國本土實施戰略轟炸以及傘兵投入戰爭，不過這一切都因停戰協議的到來而喊卡，不過在多年後的第二次世界大戰，這兩項作戰方式卻成為二戰司空見慣的作戰方式。

一戰使得米契爾成為美國家喻戶曉的戰爭英雄，戰後因其被任命為陸軍航空勤務部隊副參謀長而繼續保持著明星光環。經過了一戰以後，米契爾深深地感受到空中力量對陸、海軍的影響。他認為空軍的重要性已經與陸、海軍並駕齊驅。未來如果沒有空軍掌握制空權，陸上和海上的軍事行動就無法進行。之後，他把自己在一戰時期的所見所聞整理成一套理論，並且多次公開對軍方高層以及國會呼籲，主張空中武力應從陸軍和海軍中獨立出來，成立獨立於兩個軍種的單位，並與陸海軍取得平等的地位，同時由一個管轄單位，也就是後來的國防部來統一指揮所有的作戰單位。在當時，空中武力的任務大部分時候都是為了支援地面作戰，並保護友軍免遭受於空中攻擊。然而，米契爾並不認為這是空中武力該承擔的唯一使命，因此希望空軍成為能夠獨力作戰的軍種，並有更多由有飛行經驗的飛官為這個軍種的未來與任務做規劃。因此在空軍尚未成為獨立軍種的年代，空軍是否有能力完成一場戰爭，亦只能成為其他軍種的輔助工具的論點，一直是爭論的話題。

在這段期間，米契爾還積極遊說國會允許他利用戰鬥艦做空中轟炸的實驗，以證明他鼓吹的空權理論是美國官方不可不關注的發展趨勢。當米切爾的轟炸機在一九二一年七月的實驗中，擊沈了德國的無畏型戰鬥艦「東弗士蘭」號（SMS Ostfriesland）時，證明了空中武力是一個強大的打擊力量。對於美國海軍來說，這非常尷尬，因為他們公開宣稱飛機是不可能把大噸位、有裝甲保護的軍艦給擊沈。米契爾的老長官，因循守舊的美國陸軍參謀長約翰．潘興（John J. Pershing）將軍，反而站在海軍那一邊，認為這次實驗並不具有任何的意義。米契爾並沒有放棄，他繼續竭盡所能對國會、對媒體宣傳航空兵力的重要性。當米契爾不同意上級的觀點時，他會毫不猶豫地以其宣導空中力量的尖銳聲音抨擊他們，他說的一句話，「參謀本部對空中力量所知道的一切，就如同一頭家豬對滑冰知道的一樣多」，可以想像這樣的說法，讓上層長官對他是頗為感冒的。

米契爾受到民眾和媒體的歡迎，在國會也有一些支持者。他在年輕軍官中有眾多的追隨者，甚至在美國海軍中也有人同意他的觀點。將領們則希望可以盡快擺脫他的糾纏。很快的，機會來了。

米契爾的航空勤務隊的副參謀長職務在一九二五年三月結束後，就被降回上校軍階，並且派駐遠離華府權力中心的德克薩斯州聖安東尼（San Antonio）的休士頓堡（Fort Sam Houston）任職，即使如此，當地的飛行員還是尊稱米契爾為將軍，以視對他為航空兵力的付出的一種尊敬。

同年八月，他出版了《空防論》，原書名是 *Winged Defense: The Development and Possibilities of Modern Air Power—Economic and Military*。米契爾把在第一次世界大戰之後對於空中作戰理論與概念的若干篇文章，以及他在美國國會出席聽證會所作的證詞匯編而成，是空權理論的主要著作之一。他出版這本著作的主要原因，

一、記錄航空人員對於建立空軍的想法和他們對國防的看法；
二、為一般大眾提供一本有關航空發展事實的書籍；
三、為軍方、行政部門、國會提供現代航空和實際經驗的資料。

經過第一次世界大戰之後，米契爾認為航空戰力將引發另一波軍事革命，並從根本上改變以往的作戰方式。歷史證明他是對的。從一九一一年首次在利比亞上空利用飛機作為作戰手段以來，空中力量已經與前人對於空中力量、空權或空戰的想像都有著不同於以往的發展。地球百分之百「籠罩」在天空之下的特性，使得空軍可以在任何天空可及的空域作戰或存在。當代的軍機可以抵達地球的任何一個地方。無遠弗屆與作戰地點涵蓋全球是空軍的獨具特色。地面部隊及海上部隊具有各自的機動力，亦具有經由大陸與海洋所伴隨的主要限制，對於空權來說這一切都不是問題。飛機航線是受到政治、作戰、戰術、技術及天候因素所限制，但就一般原則而言，飛機在空中活動的自由度，遠非陸地、海上載具可以比擬，空中行動可以不受地理障礙的限制。

米契爾也認為，陸軍和海軍將喪失他們過去在戰爭中的支配地位。由於有實質作戰經驗，因此其理論與同時代的杜黑相比，在戰術與技術層面更勝一籌。他強調綜合各種不同角色的軍機，分擔不同的作戰任務，並且發揮各自所長。米契爾認為，戰鬥機還是具有相當重要的地位，只要雙方空軍直接接觸，就需要戰鬥機來擊落對方的軍機，而不是如杜黑般強調轟炸機的地位，這個是米契爾的理論能夠獲得人們青睞且在二戰中驗證其實際性的其中一個。然而，米契爾的偏激言論，終究還是讓自己惹禍上身，但這並不影響他在後人心中作為空權三傑之一的地位。

就在《空防論》出版之後一個月，美國海軍「謝南多厄」號（USS Shenandoah，ZR-1）飛船發生空難，很快引起米契爾以比平時更大的怒氣。他在九月五日召開記者會，並發表了一篇五千字的聲明。他表示「這些事故是海軍部和戰爭部的失職、過失和幾乎構成叛國的結果」。陸軍認為米契爾的言論有損良好秩序和紀律、不服從、「輕蔑和不敬」等行為，並打算抹黑戰爭部和海軍部。米契爾因公開指責戰爭部、海軍部無能和失職，最後受到軍事法庭審判。

一九二五年十二月十七日下午，經過三個小時的審議後，軍事法庭認為米契爾犯下了指控的所有罪名。軍事法庭暫時剝奪了米契爾的官階、指揮和職責的權利，同時作為罰金沒收了其五年的所有薪餉和津貼。

一九二六年二月，米契爾從陸軍退伍，並且隱居在維吉尼亞的小農場。即使如此，他並沒有放棄鼓吹空權理論。

反而是他在轟炸海軍軍艦的B計畫行動（Plan B）中讓美國海軍驚駭不已的轟炸實驗，使後人對飛機搭載在一艘軍艦上，投入陸地上的作戰行動並居於主要作戰角色的想法充滿了想像。美國陸軍航空隊亦在一九二〇年後，開始把米契爾的籠統觀念轉化成一套精細的實用準則。美國空軍的發展藍圖此刻還處於萌芽的階段。他同時還警告，日本很可能會利用航空母艦作為載台，攻擊夏威夷群島。

就如同他對空權的預言，日本人在一九四一年十二月偷襲了位於夏威夷歐胡島的美軍太平洋艦隊的基地——珍珠港。其他包括馬來亞海戰、偷襲托蘭多，都在在證明米契爾的理論是前瞻性而可行的。經過二戰的洗禮以後，證實米契爾的觀念比被人譽為空權之父的杜黑，強調以轟炸機為主要作戰手段的理論更為符合現實狀況。太平洋戰爭的尾聲再一次地證明了米契爾的另一些預測也是正確的，因為日本正是在戰略轟炸和潛艦圍堵的聯合攻勢下崩潰的。

然而，先知總是寂寞的。米契爾未能來得及看到他預言的這一切，就在一九三六年二月十九日離世。

一九四二年，米契爾被軍方追認為二星少將。一九四一年，之後被杜立德將軍用來空襲東京的 B-25 轟炸機，正是以米契爾來命名。海軍在一九四四年，以一艘新落水的人員運輸艦取名「威廉．米契爾將軍」號（USS General William Mitchell，AP-114），可以說是另類和解，也同時認可他對航空母艦與海上空權的提倡。

美國空軍終於在一九四七年九月八日成為一個獨立的軍種，並且是美國武裝部隊裡面，一直位居重要地位的軍種。

作為卓越的戰略家，米契爾看到了飛機的優勢，他認為空軍是未來戰爭的決定性力量，空軍的出現不僅僅延長了砲火投射的距離，更是改變了戰爭的面貌。米契爾的成就並非他在本書中所提出的那些概念而已。他所鼓吹的空權理論，使得人們在日後不停的追求在航空發展上的高峰。正如他所言，空權包括了空軍的成立、商業航空的發展，民事航空的蓬勃，以及人們對飛行的熱情。《空防論》成書於一九二五年，當時的許多航空科技並不成熟，人們對於飛行也有許多的誤解。在今天這個對空權的重要性已經取得共識的二十一世紀，重新回去檢視米契爾留給後人的觀念與思想有其意義。

《空防論》不僅僅是一本戰略指導手冊，他同時讓我們省思空權理論之根本。在米契爾的理論與概念提出的當時，美國還是一個在航空方面完全落後於歐洲國家的地方。米契爾聲嘶力竭，搖旗吶喊，讓國人了解到飛機作為未來發展的前瞻性遠景，最終美國才成了空中霸權，就這一點，米契爾的倡議是居功不小的。

自序

Author's Foreword

本書獻給那些為美國空中力量獻出生命的軍官和士兵。除了航空同仁，幾乎沒有人能真正明白和理解飛行員所面臨的危險，他們的生活，他們在高空中的活動，他們如何準確地飛越高山、森林、大漠、河流，他們為了改進飛行科學和技術付出了什麼，他們在與敵機交戰時的親身感受是什麼。這些問題，只有飛行員能夠回答。遺憾的是，具有這些經驗並且能準確表達出來的人員越來越少，而剩下的人，更應該就此問題將這個群體發揚光大。

自本書出版前一年冬季以來，美國人民表現出對發展空中力量的興趣，可喜的是，這種興趣正在提高。所有國家空中力量的發展歷史都極為相似——經過艱苦卓絕的鬥爭獲取立足點。航空力量的出現，導致了一種新戰爭學說的出現，而這種學說將打亂現有的國防體系，並將建立一個新的體系。航空運輸的普遍應用以及快速發展，終將改變國家之間的互動關係。

這本作品是在倉促的情況下編撰成冊，是收集了我過去在美國國會舉行的聽證會的發言，以及發表於報紙雜誌上的文章而來的。我在書中所提出的論述，將能夠引起美國民眾對國防體系發展的重視，遺憾的是，歐洲大國已經沿著我在書中所指出的方向行動了，而美國仍在倒退之中。

我編成這本書的目的在於：記錄航空人員對於創建空軍的想法和他們對國防的看法；為一般大眾提供一本有關航空發展事實的書籍；為軍方、行政單位、國會提供現代航空和實際經驗的參考資料。

那些保守的陸海軍代言人，曾發表大量的錯誤學說攻擊航空力量，因為他們知道空中力量的崛起，將削弱他們的權威。現在應該輪到我代表航空力量反駁他們了，我必須公開表達我的觀點。

在傳統軍種眼中，飛速發展的航空學，不論年齡、階級、權威等，那些關係它發展的人都沒有資格對它做任何解讀。而我們的國會所獲得有關航空問題的資料，大多數是由非航空軍官和那些毫無飛行經驗的人所提供的。但是，飛行人員是經過實際經驗以後才能累積知識，而不是靠資格來取得的。

交通是文明的基本要素，而飛行將為人類提供前所未有的速度、高效的交通工具。此前，人類被陸地和水面運輸工具束縛，現在我們可以利用覆蓋整個地球的天空作為運輸媒介而不受阻礙。

我們認為，國家的未來，離不開空中力量的大規模發展。平時，空中力量能確保全國的交通運輸；戰時，空中力量將阻擊敵國空軍對我國的侵擾，阻止任何敵國艦船越洋威脅我國的海岸。

航空力量和陸軍、海軍不同，它在和平時期也能加以運用，而後者的訓練和管理只是為了戰爭的目的——在承平時期，它們所消耗的資源很少獲得回報。

空軍一定要獨立地按照自身的目標發展，而不是作為其他軍種的附屬品或輔助單位。除非美國主動變革，否則我們將被這股軍事發展潮流所拋棄。

空中力量已經將傳統軍種所建立的規則推翻，它正艱難地朝著自己的道路前進。未來，一個沒有相關完善機關和裝備的國家是無法成為強國的。這是因為，不論從軍事觀點還是從經濟觀點來看，空中力量都能兼顧海洋與陸地，在未來的國際競爭中，這將是一個決定性因素。

總之，我們美國人的特性和氣質尤其適合空中力量發展。

緒論

Preface

當一個國家將命運寄託在虛假的戰備上時，這個國家必定會被其他列強超越。

孤立主義已經過時，獨立戰爭（一七七五至一七八三年）使美國成為一個獨立國家，南北戰爭（一八六一至一八六五年）使美國人民密切關注政治。自那時一直到美西戰爭（一八九八年），美國都忙於國內經濟建設，致力於國內基礎發展，鞏固和完善政府體制。

美西戰爭打破了美國那孤立的屏障，將我們引入世界列強的競技場。美西戰爭的規模不大，但它對美國的國家政權以及世界的影響卻是巨大的。我們巨大的產能，我們豐富的原料，我們發達的工業，我們人民的進取心等等，這些巨大優勢，使得我們能夠與世界上任何國家、在任何領域與人進行競爭。

我們以下談到的歐洲世界大戰（一九一四至一九一八年），[1]使美國在戰爭中獲益匪淺，各交戰國均因戰爭需要而向美國購買物資，美國則給予歐洲各國幫助，與它們簽訂財務協議。這次戰爭中，美國的軍事力量保存得較為完整，而歐洲列強為了戰爭卻將全部的人力和物力投入其中。

戰爭中，歐洲國家的軍事體系產生了巨大變化，它們的軍隊徹底革新，採用了符合時代發展的新作戰方法。而在美國，空中力量的出現並未給美國的作戰方法帶來什麼變化，它還堅持著內戰時期所奠定的陳舊體系。

我將航空力量定義為，**能在空中做某種事情的能力**。這種能力包括利用飛機從A點向B點運送各種東西。由於天空覆蓋了整個地球，因此沒有任何一個地方不會不受到這種來自於飛機的影響。在歷時四年多的世界大戰中，空中力量雖然作為陸軍和海軍的輔助力量，也出現了屬於他們的戰鬥，如轟炸敵人的工業中心、城市、鐵路、港口。未來，一個國家沒有空軍，它就無法與其他擁有大量空軍的對手交戰。

對於這種變化，美國民眾的反應是很緩慢的——由於美國遠離其他列強，民眾鮮有機會體會到被別國入侵的那種經驗。美國和歐洲隔著大西洋，和亞洲隔著太平洋，兩大洋為美國構成了可靠的保護傘。但是，飛機的出現將這種隔離狀態給打破了，而且飛機的效能還在突飛猛進地發展著。事實上，飛機已經能夠不著陸飛行兩千五百英里，再加上化學武器的發展以及潛艦已經證明可以到達全球任何一個海域，水面艦艇的

1 譯註：即第一次世界大戰。

角色已經大不如前了。

在過去，當國家受到入侵時，敵人必須先穿越陸地邊界和海岸，而在新時代，整個美國都易於受飛機的攻擊。這一點，已經引起全體美國人民的注意。然而人民對航空的興趣雖然很大，但是政府行政部門的極端保守主義卻並未跟上航空潮流的發展，反而設置了許多障礙。所幸，代表人民的國會對其施加壓力以後，致使行政部門開始採取決定性的行動。

一九二四至一九二五年冬季，參眾兩院內的委員會舉辦了一場有關航空力量對美國國防各方面影響的聽證會，同時由另一個委員會舉行有關成立一支擁有統一指揮權限的空軍的聽證會，並可能針對報告內容作詳細的逐一段落的討論。這些事件顯示，航空力量已經完全改變了以往的國防體系。航空力量不但在軍事方面具有優越性，而且能在和平時期用於其他非軍事的多重目的。

兩個委員會的聽證內容，已經經由傳播媒體傳遍全國，民眾首次曉得，陳舊的戰線觀念——海岸線和國界，已經不再適用於空中了，因為飛機可以飛抵任何天空涵蓋的地方。現在，內陸城市和沿海城市一樣，都有可能成為飛機的打擊目標。只有飛機才能對抗敵人飛機的襲擊。

讓我失望的是，美國至今還沒有採取順應時代的計畫來建立他的航空力量，它還固執地使用著多年前的方法和體系。這是對航空力量發展的阻礙，它將使我國徹底與世界一流的航空技術無緣。要知道，在開發新的航空材料領域，我們是領先全球的，我們擁有最好的飛行員和地勤維修人員，我們的工廠能生產最先進的飛機，同時我們還擁有生產飛機所需的各種原物料。

從軍事角度來看，並沒有明確的軍事任務是分派給我們的航空力量來執行的。事實上，我們只是陸軍、海軍的旁支，美國根本就沒有空軍。創建一支空軍是如此的複雜，是如此地難以實踐。一支空軍只有歷經若干年的檢驗，付出成千上萬次的犧牲，花費無數的金錢以後，才可能達到可有效作戰的狀態。

簡單說，美國的空中力量與世界大戰開始時相比，並沒有什麼太大的變化。

現代交通工具的快速性，各類運輸工具的可靠性以及飛機可以到全球所有地方的特性，這些事實都是在令人難以置信的短時間之內發展起來的，這使我們的組織與現代化條件相應成為絕對必要的因素。我國的各種國防手段必須準確地彼此協調，因為下一波的競爭已經迫在眉睫。當一個國家將命運寄託在虛假的戰備上時，這個國家必定會被其他列強所超越。

無論是在陸地還是在天空，任何一個國家如果不控制天空，它就無法安然存在。空軍是現今唯一能在空中獨立作戰的部隊，陸軍也好，海軍也罷，它們都無法在距離地球表面上空的兩萬英呎高空作戰。

陸軍和海軍的任務已經發生了巨大變化。以往那種依靠連續性突擊打垮敵人地面部隊，費時費力且代價高昂的戰爭過程已經不復存在。空軍可以迅速襲擊敵人的工業中心和物資補給中心，鐵路、公路、橋樑、運河、港口等，都可能成為空軍的直接打擊目標。依靠空軍的一方，將在最大程度上節約人力、物力，而失敗的一方則只能無條件地接受勝利一方所強加於它的苛刻條件。

對於防禦海岸的任務，海軍已經無能為力了，因為飛機能擊毀、擊沈任何進入其作戰範圍內的艦船。它將取代海軍，成為海岸防禦的主力武器。因此，海軍被趕往公海執行任務。最後，水下航行的潛艦和空中飛行的飛機，將使艦船變得毫無立足之地。

如今，海上的主要武器是裝備有魚雷的潛艦、還有戰鬥機、魚雷快艇；未來，海軍的渡海作戰將在飛機的掩護下進行。世界大戰時的渡海作戰可能再也無法出現，因為北半球兩洋陸地之間的距離將變得非常之近。

空中力量可以為其他飛機或艦艇提供補給的方式，得到一切所需的東西，從而固守一些小島。作為國防基石的海軍，其地位也會相應下降。

已經有一些國家完整或局部地意識到這個情況，進而相應建立起新的國防體系。我們必須要讓民眾正確地理解，建立空中力量的條件，以及空中力量在和平時期和戰爭時期的具體作用。

任何一個有飛行經驗的人，都能協助完成這項工作。這應該成為我們當前最宏大的發展計畫。這意味著，我們需要成立一個獨立的國防部，它之下應該包括有空軍部、陸軍部、海軍部。空軍的地位應該與陸軍和海軍平等，它必須擁有在國家層級的行政會議上發表觀點的權力。

空軍部的職責，是提供完整的航空防禦、促進國家的航空發展；陸軍部的任務，是提供陸上國土的防禦；海軍部則是在公海上作戰。

空軍應該擁有一支航空打擊力量，能控制天空，並根據需要，執行破壞陸上或水上敵軍目標的任務。

同時，各國航空部隊的人事狀況還有待改進。空勤人員形成了另一個截然不同的群體。這如同他們不同於陸軍，而陸軍也不同於海軍人員一樣。空軍人員沒有得到與他們所肩負的重要職責相應的地位和級別，他們擔負著比陸軍和海軍更重要的責任，軍階卻不成正比。

空軍軍官們難以有晉升的機會，部分中尉永遠不能升到比少校或上尉更高的職位。因為看不到未來，他們的心理狀態就容易失衡。沒有能幹、自信、充滿活力的人員，還談什麼空軍發展？我們只能寄望於公眾施壓或者面對戰爭時，才能改變這種困境。國會和民眾對航空力量的了解實在是太晚了。

對於國會的那兩個聽證委員會的證詞只能說明：

一、我們亟須設立一個航空相關權責單位負責所有與航空防務和國家航空事業發展有關的事宜；

二、我們需要建立一個完全獨立於陸軍和海軍的航空人事制度；

三、應該設立一個指揮空軍、陸軍和海軍的國防部。

第一章

航空時代來臨了

The Aeronautical Era

空權是什麼？在空中或經過空中執行某些任務的能力，就是空權。

全世界都站在舊時代與「航空時代」的交叉點，跨入這個新時代，全人類的命運都將與空中聯結在一起。

人類的祖先們經歷了「大陸時代」（Continental Era）。那個時期，他們鞏固了對陸地的控制，發明了交通工具，貫穿陸地進行交往。在隨之而來的「航海時代」，為了商業利益，祖先們在海洋上展開競爭，這種競爭使陸上力量受到一定的約束。現在，我們步入了「航空時代」，我們面臨著新型的競爭，這種競爭是爭奪使用和控制大氣層的權力。

空權是什麼？在空中或經過空中執行某些任務的能力，就是空權。天空覆蓋著地球，飛機可以到達地球上的任何一個地方。飛機不受山脈、河流、沙漠、森林、海洋的限制，它使國境線概念徹底的成為過去。

面對飛機，任何一個地方都有可能暴露在它的襲擊之下。

飛機可以在很短的時間內飛行數百英里，[2]它們可以飛入任何國家，越過這個國家的邊境線，飛到任何地方執行空襲任務。無論在哪裡，只要飛機能發現目標，它就可以利用機槍、炸彈等武器實施攻擊。城鎮、鐵路、運河都是它的打擊目標，除非目標潛入水中。

飛機載有人類發明的最強大武器，它不僅可以搭載槍砲，還能投下摧毀力極大的炸彈，一顆炸彈可以徹底摧毀一艘戰鬥艦。相對於難以擊毀的戰鬥艦都能被擊毀，再想想其他噸位較小、防護力較弱的艦船和商船的下場吧！空軍可以封鎖一個國家，阻斷它的水面和陸地的交通，尤其是對一個依靠海上商業生存的島國而言，這種封鎖可使其在短時間內因為缺衣少食而投降。

我已經說過，想要再像上次世界大戰那樣，用艦船從美國運送軍隊、物資到歐洲參戰，已經是不可能的事情了。當時，飛機加一次油只能飛行一〇〇英里，現在飛機能攜帶最新型的武器並飛行超過上千英里。空軍可以攻擊敵國軍需生產基地和其重要的城市。以前，在戰爭中挺進到一個國家的心臟地區並獲得戰爭勝利，通常要在戰場上擊敗敵人的陸軍和實施一系列連續的軍事進攻。要破壞鐵路線，毀壞橋樑。破壞公路，需要數月的艱苦奮鬥，並犧牲成千成萬的生命，耗去無數財富才能達成。現在只要一支空軍使用爆炸彈和毒氣彈進行一次空襲，就能使這些城市人口完全撤離和工業生產中斷。這就能剝奪陸軍、空軍和海軍賴以生存

2 譯註：一英里＝一．六〇九公里。

的手段。更有甚者，以裝有陀螺儀與無線導引的航空炸彈能十分準確地越過一〇〇英里去打擊大城市。由此可見，在將來，僅用一支空軍對一個城鎮轟炸的威脅，就能使這個城鎮疏散人口，使所有生產軍火和供應品的工業陷於停頓。

我們必須制定一套指導戰爭的新規則，指揮官必須學習新的戰略思想。新的戰爭，已經不再以陸軍和海軍的基準來衡量了，這兩個軍種所從事的戰爭將會受到飛在它們上空的空中力量的影響。

航空人員經常一年四季不分晝夜地在本國上空飛行，他們居高臨下地觀察這個國家，他們能看到更多，知道更多，他們對這個國家懷著無上的熱愛。從高空俯視下方，富饒的農場，整齊的道路，清潔的城市，美麗的公園等等，短短幾個小時，飛機就能穿越整個國家，這些飛機的駕駛員們從居高臨下的優勢位置，對這個國家可以看到得更多，知道得更多，理解這個國家對他們的意義遠甚於任何其它群體的人們。

如此巨大的吸引力，致使全國各地的青年踴躍參與這項事業，「駕機上天」已經取代「乘船下海」成為勇敢的新口號了。

空軍不再是海軍或陸軍的輔助部隊，在未來，我們將看到數百架飛機組成編隊戰鬥，它們會搭載著最先進的武器，配備了通信聯絡裝置進行戰鬥。

陸軍和海軍只能在地面上和海上戰鬥，它們無法離開地面或水面，空軍則是在三度空間中戰鬥，每一次攻擊敵人的飛機，都是根據這樣的原理來進行。首先，把敵人置於球心，包圍之，我機在圓球表面向它射擊。如果想要襲擊一座城市，空軍可派飛機以不同高度飛臨其上空，對其發動攻擊，以這種方式進行的攻擊，是任何防禦手段都無法抵擋得了的。

唯一有效的防禦方式，是利用自己的飛機與敵機作戰，奪取制空權——奪取制空權將是未來戰爭的準則，一旦掌握了制空權，飛機就能在敵國領空自由翺翔。

有人問：「如果敵人的空軍不想離開地面，怎麼與它戰鬥呢？」空軍戰略家的回答是：「找到敵人絕對核心地區，把敵機引出來。」例如，像紐約這類城市，是必須要防禦的，僅僅依靠高射砲的防禦是沒有任何效力的，必須利用飛機進行防禦，甚至要進行一系列空戰，使敵人處於防禦狀態。這比讓敵人處於地面防禦狀態更有價值。在陸地上，陸軍可以依靠戰壕固守，而在空中，飛機時間到就要返回地面加油，所以當敵人的空軍出現時而飛機不在空中，它們將對敵人毫無影響，因為它們不可能截獲敵機。所以，一支空軍經常保持在空中飛行的飛機應不少於三分之一。未來，哪個國家的空軍準備充分，並能搶在對手之前行動，它就能獲得迅速和持久的勝利。

在戰爭開始之後，一旦空軍被消滅，想要再重建幾乎是不可能，因為飛機製造廠將會被轟炸，航空站和機場也將被摧毀。即使能夠重建小部分的航空力量，他們也會被對方的空軍逐個擊毀，因為勝利的空軍已經控制了制空權，其後方城市的安全就有了保障，可以不受阻礙地生產各種物資、武器，甚至是飛機。

我們可從航空學角度來看待以下三類國家。

第一類，由海島組成的國家容易受到來自大陸沿岸的空襲。海島國家想要利用陸軍攻擊鄰國，就必須完全掌握制空權，以便其陸軍能安全地到達大陸海岸進行登陸。如果它的敵國控制了天空，它就能切斷島國來自海上的全部補給，並且轟炸該島國的港口和內陸城市，單靠空軍就能獲得勝利。

第二類，一個與其敵人陸地接壤的國家，其補給，部分靠自產，部分靠鐵路、公路、空運從外界獲得。如果其中一方的空軍在戰爭開始時已經準備完畢，就能摧毀敵人重要的城市、橋樑、鐵路、公路、港口，那麼掌握制空權的一方也能僅靠空軍就獲得勝利。

第三類，完全可以自給自足、遠離鄰國的國家，如美國，它位於飛機的一般航程之外，歐洲和亞洲的國家只能經由空路和海面襲擊它。此時，一支空軍就能保護美國的獨立和安全，但這支空軍不離開美國就無法征服其他國家。

不久，一定會出現一種新戰法。我們已經可以看到，一支以陸地為根據地的空軍，可以控制各個海域，哪怕是攜帶著飛機的海上艦船，也無法阻止它。

列強將利用一系列的海島基地作為戰略要地，這樣它們的飛機就能在島嶼之間飛行。這時，島嶼只需要一支地面小分隊就能防禦了，因為有了飛機以後，它就不再像過去那樣，容易受海軍的封鎖、佔領了。只要制空權在手，陸軍和海軍都對它毫無辦法。

在北半球，從北美洲飛往歐洲或亞洲時，飛機可以通過大陸之間最狹窄之處飛行。而寒冷的氣溫也不會對飛行活動造成多大麻煩。事實上，天氣越冷，天空越晴朗，越適宜飛行。陽光才是飛行員的麻煩製造者，它使空氣富含水汽，而空氣冷卻時就會形成霧、雲、霾。高溫會導致氣袋（Air Pocket），[3]這將給飛機帶來致命的危險。

陽光還會干擾空中的通信，這也就是為什麼無線電報的最佳使用時間是深夜兩、三點鐘。這個時候，空氣中的光線很少。這個時段，也最適宜飛行，因為水蒸氣已經下沈到地表，空氣不會產生上下對流。這就是為什麼所有候鳥在遷徙時選擇在夜間飛行的原因。未來，我們的大多數班機，尤其是重型飛機，多半會選擇在夜間飛行。

以後，我國的洲際航線將不會採用以往與赤道平行的方向，因為那樣我們的交通工具將被局限於地球上溫暖的水域和陸地。新的航線，可能沿著經線，直接越過地球兩極，縮短行程，節約能源和時間。

航空時代將對戰爭產生什麼影響呢？毫無疑問，它將帶來迅速的、持久性的影響。與過去龐大的海軍和陸軍相比，空軍所耗費的金錢要少得多。它將引起全體人民的關注，人民雖然遠離戰爭，但是他們全都有可能遭受飛機的襲擊。

現在，有人還認為他們遠離海岸和邊境線，所以他們是安全的，不會遭到敵人的攻擊。對於他們而言，最壞的打算也只會是，國家戰敗了，全體民眾繳納高額的賦稅，然後賠償戰爭債務，如此而已，因為敵國的海軍和陸軍根本無法直接接觸他們。

讓我們一起回顧一下戰爭的真實面貌，以及戰爭產生的原因。

很久很久以前，原始人用牙齒、手、腳和鄰居搏鬥，強壯者獲勝。之後，人們組成團體交戰，這時出現了投擲式武器。在此之後，軍隊出現了，隨著鐵製武器的發明，就出現了裝備鐵製武器的大規模軍隊，軍隊在作戰的同時，老弱婦孺則為他們提供一切軍需品。火藥的發明，使最優秀的騎士也敵不過拿槍的農民。之後，國家的軍隊編成模式改變了，形成了宣戰時所有人力都將應徵服役或進入工廠工作的形式。這就是今天世界各國的作戰方式。軍隊的戰略與戰術，與羅馬時代相比並沒有什麼太大的變化。

3 譯註：又稱為「晴空亂流」（Clear-Air Turbulence，CAT），指的是不規則的、隱匿的、無法覺察的空氣擾動。

當武器改進而威力更強大後，總傷亡數字反而減少了，這是因為新武器使戰爭雙方可以不再直接接觸了。勝敗之分也能較早分曉，而戰敗的一方，因為遠離敵人，所以可以及時撤退。

才結束沒有幾年的這一場歐洲的世界大戰，交戰士兵之間的搏鬥遠不如美國內戰時激烈。當年，傷亡人數在參戰人數中的比例比這次戰爭大得多，服役人數占總人口比重也比這次大戰大得多。這是因為一九一四至一九一八年，新式武器如機關槍，提供了更強大的防禦力量，雙方作戰人員之間的距離反而相隔更遠。

空中力量具有遠端打擊的能力，所以它擊敗敵人空軍並掌握制空權後，就能飛往敵國的領空，迅速而斷然地結束戰鬥。這種嚇阻力量是非常強大的，甚至可以使一國在是否參戰的問題上猶豫不決。空中力量的打擊目標不再只是人民，還可以是生產運輸中心、食物生產中心、工業區、軍工廠、港口、城市。這些地方一旦被摧毀，想要在短時間內恢復是很困難的。

海軍的任務也會發生相應的變化，它將成為運送部隊的重要工具，確保軍隊能接近敵人的海域。隨著飛機的發明，海軍在戰爭中的威力大大被削弱了，反而有可能成為陸軍和空軍的輔助力量。

與陸軍相比，海軍從未獨自完成過一場戰爭，它大多數時候是作為陸軍的輔助力量，肅清海域，運送陸軍的遠征部隊。

我認為陸軍已經來到了發展的高峰期，如果空軍不能完全阻擋敵方陸軍作戰時的攻勢，那麼，未來陸軍的任務和戰法，仍將會和過去的一樣。

而海軍，雖然它不能控制飛機巡航半徑外的水域，但是飛機航程正在不斷提升當中，所以海軍所能控制的水域將會越來越小。對於一個擁有足夠空中力量的國家來說，海軍已經不太可能再執行以往那樣的作戰任務了。水面艦船的職能，將逐漸被潛艦取代，而潛艦的主要任務將是配合空軍行動。

空中力量的出現，可能使海軍軍備所需的物力和經費縮減，艦艇、數量龐大的基地、船塢、造船廠等，都將相應減少。與陸軍不同，海軍正處於一個衰退時期。當今，發展空間最大的是空軍，它不僅為國家的安全提供保障，還對國家文明有著極大的貢獻，要知道，文明的要素就是掌握了快速運輸的方法。

未來，面對緊急情況，我們可能只需要一定編額的人力，裝備最有效的武器作戰即可，無需再像過去那樣全民皆兵。

世界列強時刻體認到空中力量的價值，所有大國都接納了空權學說。要發展任何事情，都需要有理論為基礎，然後在基礎上建構相應的組織。所有大國的空權學說都表明：必須擁有大量的空中力量，以保護受戰爭威脅的國家。任何一個大國都在因地制宜地解決空中力量問題——有一個國家例外，那就是美國。

所有國家都將航空部隊配屬在不同的部門，陸軍、海軍、商用部門、飛機製造公司、氣象和無線電通信部門，都有航空單位。它們認為，航空裝備是那些不以航空為主要活動的部門的附屬工具。這就如同海軍更看重戰鬥艦，而陸軍更看重步兵。

所有國家的武裝力量都是國家機構中最保守的單位，它們的傳統比任何政府都要悠久，它們比政府部門更保守，它們寧可死守陳規也不願意冒險改革。哪怕在作戰時稍微地改變一點作戰方法，他們都要向上追溯個幾百年前找到一個案例為止。

興登堡要回顧坎尼會戰（Battle of Cannae）才能制訂規劃部署，[4]

拿破崙則要研究亞歷山大大帝和成吉思汗的戰役，再制訂作戰計畫。[5]海軍則是從亞克興戰役（Battle of Actium）[6]和特拉法加海戰（Battle of Trafalgar）中汲取靈感。[7]

我們必須向前看，我們需要知道的是，眼前將會發生什麼事，而不是過分地關注已經發生了什麼。這就是為什麼陸軍和海軍對現有的方法和手段感到不適應，從而無法全然地支持新軍種的發展。

各國的發展趨勢是按照各自發展航空力量的觀點，集中資源建設航空事業，從此避免重複和浪費。

英國對空中力量的認識領先其他國家，它已經設立了一個與陸軍和

4 譯註：保羅・馮・興登堡（一八四七至一九三四），德國陸軍元帥、政治家，曾參加普奧戰爭和普法戰爭，一九二五年起擔任德國威瑪共和國總統。

5 譯註：亞歷山大大帝（公元前三五六年至公元前三二三年），馬其頓國王，曾攻陷埃及、波斯，直至印度。

6 譯註：公元前三十三至公元前三十年，屋大維與安東尼戰爭中的一次著名的海上戰役。

7 譯註：一八〇五年十月二十一日，納爾遜率領英國艦隊與法國和西班牙的聯合艦隊在特拉法加灣外的會戰。

海軍地位平等的空軍部（Air Ministry），英國法律規定：空軍是大英帝國「國防第一線的部隊」，他們把全國劃分成多個空中防區，各區的戰鬥機和轟炸機由單一司令部指揮。這樣，空軍就能發揮最大效用，不再像過去那樣分散在陸軍和海軍。此外，空軍還要負責重要城市的防禦工作。戰時，這些部隊必須堅守崗位。從核心基地向外輻射至外海的監聽站，能夠迅速地報告敵機的情況。

在英國，職業軍人擔任「現役」工作，其他的人則列為「後備人員」。後備軍官每月必須飛行一定時數，每年隨同各自單位訓練兩周。英國還建立了飛行軍官學校，此外，英國還有參謀學院，以及國防所需的各種機構。

英國扶持和鼓勵飛機製造工業，向工廠撥下專款進行飛機生產。民用航空也獲得政府的補助，讓航空運輸公司減稅和補貼的方式，支援它們的經營。英國的民用航空可以使用軍用機場，大多數機場平時由民間維護，並為戰時做好準備。這種方法使政府既能維持有數量龐大的飛行員、地勤、飛機和各種航空機械，又能節省近一半的費用。

據了解，英國的軍事架構已經發展到由一名空軍軍官負責英倫三島的防務。將來，這名軍官不僅統轄空軍部隊，甚至將統轄陸軍和海軍。這種做法今後可能要擴大到整個大英帝國。

英國此舉是因為這名空軍軍官所受的訓練足以令他熟諳海上和陸上作戰，這種能力是其他軍種的軍官所不具備的。一名空軍軍官從幾百英里外的前線獲得敵人情報的能力，遠甚於陸軍和海軍。空軍要比陸軍和海軍快數十倍，它能更快地了解敵人將在何處何時發起進攻，從而迅速地制訂反制措施，並聯合陸軍、海軍保衛國家。這就形成了一人負責指揮的局面，而不是任由完全獨立的空軍、陸軍和海軍各自為政。

在美索不達米亞，即現在稱為伊拉克的地方，英國空軍對它的佔領是十分令人滿意的，飛機能在當地全境任意飛行，迅速地鎮壓暴亂，把部隊運到需要到達的地方，以較少的兵力控制遼闊的國土，這是用其他方式無法達成的行動。[8]

在這裡，陸軍成了空軍的助手，在空軍的指揮下行動。在歐洲和亞洲，越來越多的大國採用這種搭配方式，因為人們已經明白，需要建設

8 譯註：英國在一九一五年占領了伊拉克至一九三二年為止。

獨立的空軍，使它成為一支主要的、獨立於其他兩個軍種的國防力量。

不是所有國家都有能力建立一支高效能的空軍，要想得到這樣的空軍需要滿足兩個條件。

第一，強大的國家意識，愛國情操能使飛行員甘願為國家奉獻生命，只有少數國家具有這種精神力量。例如中國，她是在家庭、商業關係和人口優勢的基礎上建立起來的國家。而不是由武裝力量組成國防的基礎來防止外國的侵略。當下她不能建立一支有效的空軍，因她沒有一個中央政府來鼓勵這種基本原則或培育這種理想，並促使聰明的人民願意獻出他們的生命和他們的一切。相反，在一九一八年的蒂耶里堡戰役（Battle of Château-Thierry）中，[9]美國航空隊儘管在兩個多星期的作戰行動中，飛行員失蹤與傷亡數字高達百分之七十五，我方卻依舊士氣高昂地進行戰鬥。我們國家歷來喜歡從大學生中選拔飛行員，要求他們不但要成績優良，而且要精於運動，如美式足球、棒球、網球、馬球及其他馬術，都能使身心快速協調。美國在世界上與任何一個國家相比，是擁有這類人才最大儲備量的國家。

第二，一國的工業條件能夠製造出航空裝備、發動機，以及擁有足夠的原物料。製造一架飛機將涉及好幾十種不同的行業，從飛機設計到製造完成，所需的時間和製造一艘艦艇一樣。關於發動機，它與飛機息息相關，目前只有少數幾個國家能製造供空軍使用的航空發動機。一台航空發動機包含了最輕、最先進的合金，一旦用於飛行，它將推動飛機前進。再以中國為例，中國還不能製造航空發動機，也沒有任何內燃機可用於航空飛行，因為這個國家從來沒有根據製造航空發動機的目標發展過這一類型的工業。而美國擁有世界上最大的發動機製造業，它是以汽車製造廠為基礎發展起來的。因此，現階段美國航空發動機領先於全世界。與此同時，美國還擁有所有生產航空裝備所需的原物料、燃料和專才。

在未來，想要從空中征服世界，比以往征服一個國家還要容易。飛行使世界變小了，我們不再以英里為單位計算距離，而是以小時為單位。

9 譯註：第一次世界大戰時的一九一八年五月九日至六月十七日在馬恩河發生的戰役。美國陸軍第二及第三師參加作戰並有空軍助戰。拿破崙時代的一八一四年也有一場戰役是以蒂耶里堡為名。

現在，遍及全球的通信，更縮短了各國之間的距離。如果某個國家控制了天空，它就幾乎控制了全世界。

地球上沒有飛機無法到達的地方，它可以將文明的種子灑遍全球每一個角落。

第二章

美國領導航空事業發展

Leadership in Aeronautics Goes to the United States

在探索航空發展研究的路上，不要奢望有捷徑可以讓你走。

在探索航空事業時，不要奢望有捷徑可以讓你走。

人類有效法和學習成熟學科中可以供你參考的習慣，但是在航空學方面，我們卻沒有任何可以參照效仿的目標，航空人員大部分要靠自己去開拓。發展任何一項新的領域，都需要做好充分的準備。對於航空人員而言，他們必須證明自己能為國家帶來巨大的價值，否則他們的實驗就會被中止。

蘭利（Samuel Pierpont Langley）的經歷並非個案，[10] 我們也會經常遇到類似的狀況——他的實驗因為遭人非議而得不到國家的任何資助，最後導致歷史上最重要的成就與我們失之交臂。幸好，國會終於重視航空了，它能為航空發展的需要提供經費，它甚至願意為了達成可能的前景而冒點風險了。

戰時，國會希望撥款給航空事業，並立即就能收穫成果，然而事實並非是如此的。人們在戰爭結束時才明白，金錢不能買到航空知識，航空知識靠的是長時間的經驗累積。撥款給航空研究沒什麼錯，但在戰爭爆發前政府所花的錢，卻並沒有為航空研究打下堅實的基礎。

歐洲的世界大戰爆發時，美國才只有十四名飛行員而已。在戰時，美國努力建立一支航空部隊，一萬五千名公民響應並接受了飛行訓練，許多工廠投入製造飛機，這些飛機造價低、性能高，但是我們仍在採用外國的裝備，因為我們沒有時間製造自己的裝備。

在這次戰爭中，空軍的優勢逐漸顯現，如果交戰雙方中的其中一方沒有空軍，對方就能在兩周內取得勝利。在這次戰爭中，航空研究還處於啟蒙時期，飛機才剛剛出現，飛機的重要性剛剛被飛行員接受，而其他人則將飛機看作是違反戰爭科學的異端。

一九一八年，美國航空部隊經受了戰火的洗禮，在蒂耶里堡（Château-Thierry）的作戰中，他們匆匆投入戰鬥，與協約國一同作戰，我們不得不改進我們的體制並盡最大可能拯救自己。經過長時間的戰鬥，航空人員想出了許多應用於空中作戰的新方法，直到戰爭結束，美國已經擁有一個熟知最新空中戰法的戰鬥參謀單位，以及一批歷經戰火

10 譯註：蘭利（一八三四至一九〇六年），美國物理學教授，曾用空氣動力學解釋鳥類飛行的原理，一八九六年造出一架用蒸汽機為動力的原型飛機，一九〇三年製造出以內燃機為動力的有人駕駛飛機，後在試飛中墜毀，比萊特兄弟的第一架動力飛機試飛成功早了九天。

淬煉的飛行員。這批飛行員掌握了空戰技法，能在單機作戰或聯合出擊時擊敗其他國家軍隊的飛行員。

而且，我們還指揮了有史以來最大規模的多國航空部隊，在聖米耶（Battle of Saint-Mihiel）和阿格納（Argonne）戰役中，我們經歷了由單一司令部集中指揮的歷史時刻。當需要聯合水上、陸上和空中部隊各司令部歸於單一指揮單位節制，以進行一九一九年的作戰行動時，很可能要把海軍全部歸英國指揮，陸軍全部歸法國指揮，空軍則歸美國指揮。當時航空部隊的地位正在逐步出現由美國來主宰的態勢，如果戰爭延續到來年，空中力量無疑將對戰爭結局產生極大的影響。

一九一九年春，戰鬥人員從歐洲返回美國，許多人看不到我國航空發展的未來而選擇退伍。幸好，還有一批堅定的戰士留下來，他們成為後來航空發展的基礎。這些人成為我國空軍發展的根本，他們洞悉現實條件，他們遠見卓識，他們了解未來空軍的偉大前景。

未來戰爭的條件肯定與剛過去在歐洲發生的情況有所不同。過去，歐洲沒有空軍，當交戰雙方意識到空軍的功用並著手開始發展之後，雙方在空中的實力就已經是旗鼓相當的了。直到停戰前的三、四個月，協約國才取得絕對優勢，這種優勢決定了戰爭的結局。

美國所面對的任何入侵，首先要面對的將會是我國沿海的防禦問題，因為它將要對付來自歐洲和亞洲的空中或海上部隊的襲擊。這時，陸軍的用處變小了，空軍則會承擔起保衛國家的任務，它能保衛前線、港口，甚至是小村莊，因為以上這些都可能會成為敵人空襲的目標。必要時，我們也可以主動發起空戰，因為空軍能阻止敵人從海上運送部隊和補給。因此，我們的國防發展計畫必須基於這樣的設想，即未來戰爭主要取決於國家能生產和使用的空中力量的總數。

身為美國航空部隊的軍官，我們還有義務宣傳航空發展的實用性、可靠性和高效率。

空權的組成很繁雜。人員方面，它需要軍官、地勤維修、航空設計師、製造商、航空工程師、督察員，這些人都需要經過長時間的培養才能具備一定的技能。這就需要適當的訓練制度，訓練制度的制定取決於如何運用空中力量。空軍的主要工作是由飛行員來承擔的。發展軍用與民用航空，則需要選擇航線，建立機場，照這樣去建設，才能讓民用與軍用飛機有所發揮。未來，我們將看到民航與空軍肩並肩發展的趨勢，它們可以採用同一條航線，相同的導航儀以及相同的飛行方法。

上一次世界大戰期間，還沒有航線的概念，因為距離前線非常近，就算使用速度較慢的飛機從大西洋飛往瑞士邊界也只需要兩個多小時而已。現在，我們必須建立從大西洋至太平洋的航線，還要建立從北部邊界到南部邊界的飛行航線。這些航線將由無線電通信連接起來。我們已經設立了氣象機構，能及時為飛行員預報未來三十六小時的天氣情況。我們已經能將汽油、機油、機械及料件送到臨時機場，我們還能控制整條航線，空軍可以迅速地到達航線所經地點。

我必須指出，飛機是可以大量從美國東岸飛往西岸的，空軍部隊轉場飛行的例子證明，空軍能控制美國的所有邊界和海岸上空。但是民眾仍然認為飛機只要飛行了一段很短的距離後就需要落地檢修。他們還認為，飛機只能在天氣晴朗的時候飛行，遇到風暴、暴雨、大霧時，飛機必須停飛。

我們成功地完成了橫貫大陸的飛行，下一步，我們要證明飛機能擊沈戰鬥艦，因為歐洲剛剛取勝的戰爭是在陸地上打勝的。剛剛結束的歐洲世界大戰，盟國控制的海域範圍是前所未見的大，而飛機還沒有被用來對付艦船的機會。我們必須證明，飛機在水面上飛行就和在陸地上空飛行一樣容易；我們還要證明，飛機能像在白天一樣地進行夜間飛行。為此，我們需要改進武器來進行精準打擊水面上的目標，還要具備在任何氣候、任何條件下飛行的能力。

但是，我們沒有任何先例可循，只能靠自己，然後著手驗証我們的理論和想法。許多工具和武器還未發明，許多裝備的性能還未達到我們的要求，因為我們的大部分裝備是為歐洲戰場製造的。幸運的是，我們的航空發動機已趨於完善，成為世界上最可靠的同類型發動機；我們也累積了大量航空器材，如槍砲、炸彈和儀錶。

我國培養的飛行員和空軍軍官是我們最大的財富。他們有豪情壯志，對空中力量的發展充滿信心，為了壯大空中力量，為了將航空發展推向高峰，為了將美國送上領先地位，他們願意獻出生命。一九一九年，美國制定了一個發展計畫，雖然幾經周折，但總算是開始執行了。

從理論上來看，航空技術可以為飛機在世界任何地方建立起航線，並供其航行。空中力量能在任何地方發揮效用，它能控制海域、對付海軍，以及通知友軍攔截敵國的陸軍。飛機可以從世界人口最密集的城市與最難到達的地點之間，建立起快速的交通管道。這將為人類帶來巨大的好處。發展航空固然困難，但自一九一九年以來，美國航空部隊已經盡了最大努力來解決它的難處。

為了把以上的理論轉為現實，在一九一九年夏天我們做了第一次的嘗試。我們只用了兩周時間就建立了一條從紐約到舊金山的空中航路。這條航路橫貫美洲大陸，每二〇〇英里就設有一個機場，每五十英里就有一個臨時機場，整條航路由電報、電話、無線電聯繫起來，並有氣象單位的支援，所有機場都備有汽油、潤滑油、機器以及備用零件。以現在的標準來看，該航路的設施是很完備的，可滿足任何運營的需要。當時尚未發明航行燈，所以沒有夜間照明設備，我們的飛機也不適合夜間飛行。

從紐約和舊金山各有三十架飛機出發，飛機在兩個地點之間往返。對這次競賽，人們很熱情，他們籌措獎金，獎勵耗時最少的飛行員。這次競賽是對航空事業的一次考驗，考驗內容涉及空中航路能否建立起來，飛行員能否找到航路，發動機是否能連續飛行等等。飛行員成功地完成了飛行，他們飛越高山、森林、河谷、沙漠和其他所有障礙，也能在不同環境的機場降落。梅納德中尉贏得了比賽，他曾為遠距離飛行做了很多的提前準備工作。

這次橫跨美國的實驗充分證明，飛機能飛行很遠距離，現有的飛機和發動機能進行長時間、不間斷的飛行，我們的飛行員在任何條件下都能找到航路。

這次航行的控制措施很完善，包括飛機起航，飛越某點的報告，途中加油和檢修飛機等。這次實驗的最現實效益為，紐約到舊金山的航空郵政服務就此誕生了。

競賽中曾出現幾起事故，其直接原因是部分飛行員缺乏經驗，這些飛行員未參與一戰，他們不像經歷過戰爭的熟練飛行員，他們還不習慣在陌生的地方飛行。以後，必須要求所有的飛行員都飛越全國的每一個州才行。

這次實驗，標誌著美國對空中力量的運用，它是空中力量被實際使用的開端。我們的努力獲得了豐碩的成果，我們的成就被外國關注，它們的關心程度甚至超過美國政府。我們的經驗被它們吸收，我們的教訓也為它們留下了深刻的印象。我們開拓的成果，成為全世界的共同財富。

在這個時期，航空研究人員正在研發炸彈和相關設備，以期可以用飛機擊沈戰鬥艦。但是，自一九一九至一九二〇年，不管是戰爭部和海軍部，都沒能提供能夠作為靶艦的戰鬥艦作為實驗標的。好消息是，我們趁機強化了飛行員的轟炸攻擊訓練，我們也在努力研究可以用作擊沈戰鬥艦的武器和戰術。

證明飛機能飛越美國大陸之後，我們還需要證明我們有能力建立通往阿拉斯加和亞洲的航路。一九二〇年，在加拿大政府的協助下，我們建立了一條從紐約經加拿大到阿拉斯加的諾姆（Nome）的航路。斯特里特上尉（Captain Streett）帶領四架飛機從紐約出發，經五十四小時的飛行後到達諾姆，再沿原路返回。在諾姆，斯特里特上尉一行人來到了亞洲的前門，再飛一個半小時就能到達西伯利亞。可見，只要我們準備充分，我們就能做環球飛行。

毫無疑問，人們在世界上任何需要的地方都可以建立供軍事和民航使用的航路。

現在，我們所面臨的問題是，民航運送什麼貨物最經濟實惠，即從空中運輸與陸上和海上運輸的運輸成本來看，空運什麼物件最有利；在軍事方面我們面臨的問題是，可以利用這些航路攻擊哪些陸上設施和水上設施。

在此期間，我們努力試圖籌獲一架歐洲製造、最大的齊柏林飛船。我們派漢斯萊上校到德國去弄來一架。合約已經簽訂，錢也付過，正當齊柏林公司開始替我國造一架飛船時，工作停止了，計畫就此推遲了好幾年，這就是獲得齊柏林 ZR-3 型飛船的經過，現在這架飛船才剛交貨給美國沒有多久。我們打算用這種飛船負責偵察、運輸貨物和補給、運載飛船作戰人員並且作為其他飛機的母艇，以在需要投放的地方投放飛機等。[11]

我們的武器日益完善，能夠擊毀最大的戰鬥艦。擊沈商船、魚雷艇、驅逐艦和巡洋艦是比較容易的，但擊毀最大的戰鬥艦則是另一回事了。這些軍艦是從古代的槳帆船一脈相承發展起來的軍艦。戰鬥艦裝備有舷側重裝甲，可以抵禦任何彈道發射出來的彈藥和火砲的攻擊，甲板也能

11 譯註：隸屬於美國海軍的洛杉磯級飛船，是以戰爭賠款的方式提供給美國。一九二四年成軍，服役至一九三二年為止。

抵禦落到艦上的砲彈。想要擊毀軍艦，只能使用空投炸彈直接擊中它。戰鬥艦最薄弱的地方就是沒有裝甲的艦底。根據這個缺點，我們可以利用水下爆炸產生的巨大力量擊穿戰鬥艦底部，使其沈沒。

大家還記得吧，小時候我們潛入水中，用兩顆石頭互相撞擊時，在我們耳朵裡就會有這種效應，現在我們可以利用這種力量攻擊艦船。事實上，戰鬥艦最脆弱的部位就是冷凝系統。俥葉及主軸可能被炸毀，舵會損壞，船身的水線下部分的整體可能會被破壞。所以我們先確定炸彈爆炸時能產生這種效應的水下深度並做出相應的爆炸引信。這些巨大的炸彈，裝滿一千多磅TNT炸藥，不能用普通的方法進行試驗，我們在不同的水深進行試驗，記錄它在水下何處爆炸，僅能靠肉眼觀察，因為任何用來指示爆炸深度的儀器、或電線都將被震成碎片而無法顯示。我們在馬里蘭州亞伯丁附近的乞沙比克灣上部進行試驗。可怕的爆炸殺死了成千上萬條的魚，海底被掀起，在試驗進行過程中附近的交通停頓了。這些大型炸彈，如果擊中了船上的甲板，它能使甲板穿一個大洞或碎裂，摧毀上層結構，掀倒桅杆，使暴露在外的人員全被爆炸和衝擊波傷害，電話和照明系統、傳話筒等都被破壞，也許可能炸壞彈藥庫和鍋爐。現代戰鬥艦的嚴重問題是它的重量，因為它的裝甲使它的上層結構很重，如果炸彈在它附近的水線下爆炸，它很容易就失去平衡而沈沒。

一九二〇年，我們的實驗證明，我們能夠摧毀、重創和擊沈任何戰鬥艦。這引發了一場有趣的爭論，這次爭論證明，改革總是會受到保守分子的非難。當時，海軍部部長宣稱，戰鬥艦不可能被炸沈炸毀，我們實施轟炸時，他願意站在艦橋上見證這一切。國會眾議院的安東尼先生（Anthony），參議院的紐芬先生（Harry Stewart New）提案，授權美國總統為我們提供一艘戰鬥艦作為實驗靶艦。幸好，戰後移交給美國的德國戰鬥艦，將會是目標。

國會的聯合提案迫使海軍部行動，海軍部開始規劃炸毀這些軍艦的條件。需要炸毀的有潛艦、驅逐艦，還有輕巡洋艦「法蘭克福」號（SMS Frankfurt）和無畏型戰鬥艦「東弗士蘭」號（SMS Ostfriesland）。「東弗士蘭」號是德國海軍鐵必制上將下令建造的，是為了在北海對付英國而設計的，在那裡可能會遇到許多水雷和魚雷攻擊。「東弗士蘭」號有許多水密隔艙，每個艙有牢固的隔板，所以，一個或幾個隔艙灌滿水時，艙壁不會出現裂口。它底部的三層船殼都是很厚的裝甲。它被稱為「不可能沈沒的船」，曾參加過著名的日德蘭海戰。這艘無畏艦曾被許多砲彈擊中過，其中有些是大口徑的，另外還有兩枚水雷擊中了它的吃水線以下的部位。儘管如此，它還是靠本身的動力駛回港口並徹底地修復了。它對於我們想要做的，過去從來沒有試驗過的事情來說，確實是一個難以對付的傢伙。我們召集了航空部隊的所有海軍軍官和空軍軍官共同研商，制訂轟炸計畫，以便通過試驗取得最大可能的知識累積。海軍堅持要把這些目標艦錨泊於乞沙比克灣口外七十五英里、一百英哩處。

準備執行轟炸任務的飛機在維吉尼亞州的蘭利機場（Langley Field）集合[12]，此地距離乞沙比克灣口二十五英里，加上軍艦到灣外的距離，飛機將要在水面上飛行約一〇〇英里。此外，飛機可能還需要飛行一小時前往目標所在地，並以每小時一〇〇英里的速度投下炸彈。因此，在這次轟炸任務中，飛機來回大約將在水面上飛行三〇〇英里。正常情況下，飛機在水上飛行這麼遠的距離是完全可以辦到的，但如果一旦發生狀況，就必須在水面迫降，這就可能造成嚴重後果。在戰時，我們必須涉險；在平時，沒有必要這樣飛。

其實，還有兩個地方可供軍艦錨泊，一處是位在北卡羅納州的哈特拉斯角（Cape Hatteras），該處水深一百英尋，離海岸二十英里，一處是在麻薩諸塞州的鱈魚角（Cape Cod），那兒水深一百英尋，離陸地十英里。大多數海軍軍官認為空襲不會有任何成果，因此想讓更多的國會議員看到空軍的無能，於是堅持將錨泊地設在乞沙比克灣口外的海上。

軍艦泊於一百英尋處的原因是因為按照國際慣例，船必須沈在深水中，而且炸彈在深水中爆炸的威力將小於在淺水中，炸彈在深水中爆炸，將無法產生向上爆炸的那種力量。

但是，為了證明我們的觀點，我們接受了嚴苛的挑戰。海軍設置的這些障礙，加大了我們實驗成功的難度。

同時，我們已向全美發出命令，集中我們的飛行員和飛機於維吉尼亞的蘭利機場，這個機場距漢普頓只有很短的路程，漢普頓是美國最古老、人口稠密的城市之一。漢普頓位於麥克萊倫（George McClellan）將軍的軍隊用洛教授（Thaddeus S．C．Lowe）於一八六二年在約克鎮發明的汽球首次作為軍事航空器的地方不遠，約克鎮是康華里（Charles

12 譯註：紀念蘭利教授所命名的機場，至今都還在使用。

Cornwallis）將軍向華盛頓將軍和拉法葉（Marquis de La Fayette）投降的地方，距離詹姆斯鎮只有幾英里，而詹姆斯鎮是約翰．史密斯（John Smith）開拓其殖民地的地方，北軍「莫尼特」號（USS Monitor）和南軍「維吉尼亞」號（CSS Virginia）曾在那兒進行過一場大戰，這次轟炸的結果產生的深遠影響可能會超過上述那些歷史事件。我們的飛行員、空中觀察員和地勤人員都感受到上述歷史事件所激發的想像力，這就決定了我們這支小小的空軍將完成最大的事業。

這次集結的飛機來自西部、北部和南部，一架 O/400 漢萊－培基（Handley-Page）、兩架 CA-5 卡普羅尼（Capronis）從德克薩斯州起飛，這些重型轟炸機是首次這樣連續飛行。邊境巡邏隊（Border Patrol）的老飛行員也到蘭利機場待命。

這是一九一九至一九二〇年為一旦有事時保護我們邊界而部署在墨西哥邊境、為我們空軍保留下來的飛機，我們的馬丁轟炸機（Martin Bomber），是一種大型雙發動機飛機，從來未在部隊使用過，剛從位於俄亥俄州克利夫蘭市的馬丁飛機工廠製造出來的。我們飛大型轟炸機的經驗，從義大利飛往西歐前線那一段過去簡直是災難性的經歷，在飛越阿爾卑斯山時幾乎所有飛機都墜毀了，因此十分擔心這些大型飛機在長途飛行中將發生那些事故。然而，由於飛機製造得如此之好和空勤組技術是如此之精湛，三十架轉場飛機，沒有一架在路上損毀。

飛機到達之後，由參謀結合過去在歐洲作戰的經驗將它們編組起來。參謀人員將制訂整個架構和作戰的計畫。這支臨時編成的空軍部隊被稱為第一臨時航空旅（1st Provisional Air Brigade）。這個航空旅的組織架構是很完備的，它具有一支大空軍作戰所需的每一個組成部分，其下轄的驅逐航空隊，由在歐洲大戰中表現傑出的鮑廉姆上尉（Captain Baucom）率領。驅逐航空隊的任務是保護大型的轟炸機。

此次行動中，我們所採用的輕型轟炸機是舊式ＤＨ－4德哈威蘭飛機（Geoffrey de Havilland），其任務是：攻擊魚雷艇、運輸船和輕型艦船；當遭到艦艇上的砲火威脅時，近距離使用小型炸彈和機砲反擊，為重型轟炸機投彈路徑掃除障礙。

馬丁轟炸機可巡航飛行五五〇英里，裝載三千磅炸彈，是前所未見最強大的飛機。剛開始，飛行員都不太適應，在駕駛該型機時，甚至有點緊張，不久馬丁轟炸機以良好的性能穩住並恢復了他們的信心。

空勤組開始仔細地進行飛越陸上的訓練，繼而作飛越水面訓練的課目。使用了固定的和活動的兩種靶標訓練投彈，在某些情況下用汽車沿路奔駛以模擬船隻在水面可能達到的最大速度。轉彎點和戰艦因規避飛機而改變航向等情況也模擬出來。為了加深對艦艇的認識，所有人員都對艦艇進行了仔細的研究，不僅要熟悉艦艇的外觀，還要對它們的內部構造進行分析，以此來估計摧毀每一類型艦船所需的炸彈用量。

上層當局要求我們，在第一次炸射航次只能使用高爆彈對付維吉尼亞角外的艦船。當然，空軍部隊能使用觸發水雷、毒氣和各類煙幕、黃磷炸彈、產生高溫的鋁熱劑、水雷、空投魚雷和滑翔炸彈。關於這些武器的使用我們向軍官們進行了詳細教學。

這次行動的飛行人員都有三至五年的飛行經驗，他們具有判斷力、執行任務的能力，對團隊充滿信心，具有豐富的作戰經歷。在前往蘭利機場集結時，我們沒有損失任何一名飛行員。

在行動開始前，第一臨時空軍旅的編制已經非常健全，海上轟炸的訓練也緊鑼密鼓地展開。我們在巴克河口附近的沼澤區畫了一艘戰艦的輪廓剪影，作為轟炸的訓練目標，每天練習。之後，我們把在乞沙比克灣的一艘拖船當作是戰鬥艦來進行轟炸。我們用重磅炸彈轟炸了前無畏型的「德克薩斯」號（USS Texas）和「印第安那州」號（USS Indiana，BB-1）兩艘舊型戰鬥艦的殘骸。

當時，能見度對飛行造成了極大的阻礙，許多掌握了海上飛行技術的飛行員，都因為這個原因，難以保持正常飛行的同時進行轟炸。幸好，斯佩里飛機公司（Sperry Aircraft Company）製造的陀螺儀解決了這個難題。此後，我們的轟炸就變得非常精確，以至於那些抱持懷疑態度的軍官都明白，無論是敵人的海上艦船處於停止或是航行狀態，不管它們速度有多快，空軍都可以擊中它。

接下來是夜間練習。飛機在夜間編隊起飛，按照白天進行的方法練習轟炸，搜索水上出現的目標，相互傳遞信號進行攻擊。在夜間，飛機沿著海岸來回飛行，以熟悉各個燈塔和救生站的準確位置。

這次行動使用的炸彈也相繼運到，我們先使用一些炸彈測試飛機上的掛彈架和投放裝備，確保這些裝備的功能正常。實驗時，我們只吊掛少量炸彈並投下，沒有一顆炸彈投彈失效。

現在第一臨時航空旅已做好準備，可隨時準備攻擊任何一艘戰艦。

我們有威力最強的炸彈，我們具備了吊掛這些巨型炸彈進行作戰的經驗，我們擁有最好的飛機來執行攜彈轟炸的任務，我們還得到一個水上飛機中隊的支援，該中隊配有醫生、緊急救護裝備。這個水上飛機中隊也進行了大量的訓練，以應對意外狀況。

我們還準備了四架小型飛船，它們能夠不分晝夜飛行，可以在空中停留二十至三十個小時，速度為每小時六〇英里。飛船上裝有無線電報設備，可以進行偵察任務。飛船上的人員，也都接受了救生訓練。

為了詳細記錄此次行動的每一個細節，我們還在飛機上裝備了固定照相機和攝影機，以便記錄每次攻擊的情況。

同時，我們的氣象單位也能為飛機提供準確的氣象預報。第一臨時航空旅還特別針對雲間飛行、雨中飛行和風暴中飛行進行過練習。乞沙比克灣的夏天，雷雨天氣時有發生，風暴發生時，風速非常快。遇到這種極端天氣時，飛機難以逃脫。

我們期待已久的日子終於到來了，現在，我們將向世人證明，飛機可以炸沈戰鬥艦。我們此舉意味著飛機能夠控制所有大洋的交通，將改變各國的國防規劃。

第三章

飛機證明能宰制軍艦

The United States Air Force Proves that Aircraft Dominate Seacraft

我曾強烈地渴望炸沈潛艦和巡洋艦，當我親眼見一艘艘軍艦從我眼前慢慢消失時，我感到十分不安。……可是，我們的成就還是與我們所擁有的資源和能力不相襯。

雄偉的大西洋艦隊，由八艘戰鬥艦、若干巡洋艦、驅逐艦，以及醫院船、補給船等組成，駛入乞沙比克灣並於林恩海文灣（Lynnhaven Roads）下錨。這些大型艦船的外觀是壯觀又華麗的。艦隊被集中起來，海軍軍官們也來觀察這次轟炸實驗。許多人還是認為飛機不可能炸沈甚至炸傷戰鬥艦，在他們看來，炸彈即使擊中了戰鬥艦，也無法造成大範圍的損傷，因為他們根本不知道空中轟炸的精確性，以及炸彈的巨大威力。

第一臨時航空旅正躊躇滿志地準備著。一九二一年六月二日，第一次實驗開始，目標是德國潛艦U-117號，它錨泊於海角外約七十五英里。第一臨時航空旅的三架水上飛機組成空中小分隊，由湯瑪斯中尉指揮，編成大雁隊型飛行，掠過目標時，每架飛機試投一顆炸彈。試投很圓滿，炸彈要麼直接命中，要麼在潛艦附近幾英尺處爆炸。[13]這次試投總共投下九顆炸彈，每顆炸彈重一八〇磅。結果，炸彈的彈著中心正好命中潛艦，潛艦被炸成兩截沈入海底。

除了航空人員，現場的其他人完全沒有料到第一次實驗是這樣的結果。在之前的世界大戰，被火砲擊中的潛艦，船艙要灌滿水才會沈沒。

飛機證明能宰制軍艦

航空炸彈卻可以將潛艦的水線上、水線下和沿吃水線的部分炸成碎片。那些還在搖擺的人，已經開始慢慢相信航空炸彈的功效了，而那些固執守舊的人，也被震動了。

國會議員、海軍軍官、報刊記者和其他人士，在海軍運輸艦「亨德森」號（USS Henderson，AP-1）上通宵爭論，他們還沒有放棄對航空力量的懷疑。

一九二一年六月四日，第一臨時航空旅的新目標確定了：前德國驅逐艦 G102 號。它是這一類型艦中較大的一艘。德國曾使用過它。我們的航空旅出動各種飛機，嚴格按照裝備有航空母艦和飛機的任何海軍部隊的同樣戰法出擊。十八架裝有機槍和吊掛有四顆二十五磅炸彈的驅逐機編成三個小隊，負責轟炸軍艦的上層結構、高射砲、探照燈和假人，以便掃清甲板上的障礙。

驅逐機飛行員認為他們能投下二十五磅炸彈炸沈軍艦，因為一顆小炸彈投進軍艦的煙囪，就會引起鍋爐爆炸，進而引發軍艦爆炸。我猶豫

13 譯註：一英尺＝〇．三〇四八公尺。

了很長一段時間，因為他們所使用的舊式飛機的油量只夠飛行兩小時，最後他們堅持要求執行任務。

驅逐機編隊後方是ＤＨ型輕轟炸機中隊，該中隊每架飛機都吊掛了四枚一〇〇磅炸彈，僅是這些炸彈就足以炸沈一艘驅逐艦及任何沒有裝甲保護的艦艇。如果炸彈擊中了驅逐艦，就可徹底破壞艦上的通信設備，殺傷艦上人員，甚至能炸毀俥葉、船軸和船舵。哪怕是一艘中型的裝甲艦，一旦被這種炸彈擊中後都無法維持正常運作。

與ＤＨ型輕轟炸機中隊相距二英里的是，由十二架馬丁重型轟炸機組成的轟炸機隊，呈大雁型編隊快速跟進，每架飛機掛有六枚二〇〇磅炸彈。這是在航空史上，首次利用所有大國空軍所該擁有的機種配合執行攻擊的任務。首先，驅逐機直接與敵方的驅逐機對陣，在擊退對方後，再用機槍和炸彈攻擊軍艦的甲板；然後，輕型轟炸機負責擊潰和摧毀戰鬥艦的護衛船艦，例如巡洋艦、驅逐艦和潛艦；最後，再由重型轟炸機完成擊沈戰鬥艦的任務。

參謀人員曾說明，可以採用任何我們認為合適的方法攻擊驅逐艦，於是我抓住機會，命令第一臨時航空旅全員加入戰鬥。結果證明，我的決定是正確的。

我乘坐指揮機在海上坐鎮，我把飛機命名為「魚鷹」號（Osprey），是一架兩人座的DH轟炸機。該飛機的油料可供飛行五〇〇英里。當時，由詹森中尉駕駛一架全新的湯瑪斯．莫爾斯公司（Thomas Morse）的單座驅逐機為我護航，這是一種時速一七〇英里的飛機。詹森中尉擔任了我的傳令，他駕駛飛機在很短的時間內向外傳遞訊息。

當時，我在空中觀察到，美國海軍的大西洋艦隊圍成了一個圓圈，將目標艦包圍其中。天空中的卷積雲正好可以掩護我們的飛機，使我們能輕易地接近敵人。之後，按照想定，「敵方」的驅逐機已經被我方的驅逐機中隊擊敗，驅逐機中隊編成一個大雁型編隊準備空襲。

領隊鮑康姆上尉發出信號，驅逐機中隊的飛機逐次向驅逐艦俯衝，直到距離驅逐艦二〇〇英尺處，投下一枚炸彈後離開。每架飛機的相隔時間約為三十秒，這就形成了一個連續不斷的炸射梯次。這次攻擊場面很壯觀，每枚炸彈都直接命中它瞄準的地方。驅逐艦的甲板被擊穿，阿爾沃中尉（Lieutenant Alsworth）把一枚炸彈直接投入其中一個煙囪。每個人都被這種俯衝轟炸的精準性給嚇呆了。

我通過觀察發現，在驅逐機的掩護下，輕型轟炸機使用二〇〇磅炸彈轟炸時，最好採用飛機相距二〇〇碼的方式逐次投彈，[14] 這將縮短間隔時間，每架飛機都能根據前一架飛機投下的炸彈火光進行校正。採用這種方法，也能使敵艦難以躲避轟炸，因為每一架飛機投彈前都將根據前一架飛機的投彈結果進行校正後再進行下一輪轟炸。

驅逐機已經飛行了很長一段時間，我擔心它們燃料不足，於是派出了馬丁重型轟炸機執行最後一輪的轟炸任務，在勞森上尉（Captain Lawson）的帶領下，十二架重型轟炸機騰空飛去，它們投下了炸彈，驅逐艦上頓時一片火光，接著這艘軍艦從中間斷開，最後沈入深海。

這次表演強而有力地折服了那些對空中力量持反對意見的人。在航空人員眼中，擊沈軍艦並不是什麼特別困難的任務，而這些人寄予厚望的高射砲並未對飛機造成什麼麻煩。在驅逐機和輕型轟炸機的掩護下，大型轟炸機可以毫不費力地進行轟炸行動。事實證明，我們所採用的轟炸方法以及行動系統構建都是正確的。炸彈的威力、我們投彈的準確性、飛行人員的熱情，都在在證明空中力量在未來海上作戰的前景。

這次行動，除了馬丁重型轟炸機外，其餘的飛機都是從上次世界大戰中留下來的舊型飛機，但我們沒有一架飛機損壞，我們也沒有一架飛機在水上迫降，加上機上人員的出色操作，令那些存心想要幸災樂禍看好戲的旁觀者們大吃一驚。

只有一架馬丁重型轟炸機遇到了點麻煩，但是飛行員鄧拉普適時地排除了問題，並駕駛著飛機安全著陸。我的傳令詹森因為燃料耗盡，也出了點小問題，所幸並沒有造成什麼大損失。

當天晚上，大家興高采烈地回到了蘭利機場集合。所有人都很高興，因為我們證明飛機完全可以征服海上艦船。

不久，第一臨時航空旅又有了新的任務，在德拉瓦河口與乞沙比克灣口之間搜索一艘戰鬥艦，並用模擬彈炸沈它。這艘戰鬥艦的航速僅為每小時六海里。[15]面對這樣的對手，派飛機去偵察就有點大材小用了，最後我們派了一些飛船去搜索，而飛船也發回了軍艦確切位置的消息。可見，從空中進行偵察，能很容易地發現海上艦船，以及做艦型辨識。

14 譯註：一碼＝〇．九一四四公尺。
15 譯註：一海里＝一．八五二公里。

我們的實驗證明，航空炸彈可以炸沈潛艦和驅逐艦，這說明航空炸彈在攻擊商船、運輸艦或其他任何沒有裝甲防護的艦船時，是可以將其炸沈的。

我們接下來的目標是「法蘭克福」號（SMS Frankfurt）巡洋艦，這是一艘裝有防護裝甲、水密隔艙的現代化軍艦。七月十九日，實驗開始，我們以不同規格的炸彈逐次轟炸，每次投彈的數目都有規定，目的是檢驗炸彈對艦艇的損傷程度。一〇〇磅，三〇〇磅，每次損傷都詳細記錄下來。最後，我們使用了六〇〇磅炸彈，這次轟炸由勞森上尉率領一個中隊執行。轟炸機中隊形成一列縱隊，立刻飛向目標。

期間曾發生了些趣事，當第一枚炸彈直接命中甲板時，爆炸的彈片彈飛出一英里外，嚇得正在觀察的人員四處躲避。這令我有些懷疑，當空襲發動時，艦上的人員是否能夠堅守他們的崗位。實驗證明，六〇〇磅炸彈的效果非常好，「法蘭克福」號迅速向左舷傾斜下沈，不久後就從海面上消失了。可見我們的航空炸彈可以炸沈有裝甲防護的巡洋艦。

另外，當我們一次次用小型炸彈轟炸「法蘭克福」號時，海軍代表團卻認為，它頂得住空中突擊，於是派出一艘戰鬥艦，想要用艦砲快速擊沈「法蘭克福」號。事實證明，與航空炸彈相比，艦砲的威力小得多，火砲只能在艦身吃水線以上處打出幾個洞，而航空炸彈卻能擊穿甲板直達軍艦的底部。

最後的目標是「東弗士蘭」號，這是最艱難的一次實驗，如果我們不能把它擊沈，那麼我們之前的那些成功都將被抹殺，空中力量的發展也將受阻。當時，外國空軍是沒有轟炸戰鬥艦的機會，美國航空部隊是第一個獲得戰鬥艦作為實驗目標的單位。

我們首先用一些小型炸彈毀掉了「東弗士蘭」號甲板上的裝備，使其無法運作。這只是準備工作，想要炸沈這艘巨艦，我們需要使用一千兩百磅的巨型炸彈。我相信，民眾能從英勇的飛行員將「東弗士蘭」號摧毀的過程中，親身體會空中力量的巨大威力。

七月二十日，我們才被批准可以使用一千一百磅的炸彈，命令規定我們每次只能投下一枚這種炸彈，這個與我們原計劃的兩枚出入太大了。要知道，投下兩枚這種炸彈不論是投在軍艦附近的任何地方，都能把它炸沈。任務由比斯爾中尉（Lieutenant Bissell）指揮的飛行分隊執行。比斯爾中尉和他的隊員們頂著大風，編成縱隊，飛向目標。到達目標上空後，五枚炸彈被快速投下，其中二枚落在船舷附近，三枚擊中甲板或船舷，引發了可怕的爆炸。瞬間，水面上碎片亂飛，水柱沖天，彈著點上空的飛行員也能感受到轟炸產生的氣流和巨大聲響。

比斯爾中尉的小隊轉個彎過來，準備把剩下的五枚炸彈一併投下，海軍的指揮艦（Navy Control Vessel）立即慌亂地發出停止攻擊的信號。正在這時，我們發現風暴從北方襲來，幸好我們已經做好了應對風暴的準備，準備救援的飛船立刻躲開風暴，比斯爾中尉的編隊，突破風暴飛向蘭利機場。

我等所有飛機返航後，才飛向海岸。為了安全起見，我決定躲開風暴，因為我座機後方還有一些飛機跟隨著我一道，帶領它們穿越風暴是非常危險的。我們飛行了很遠才繞過風暴。天黑以後，我們才在蘭利機場降落。我們的重型轟炸機也掛著彈停在機場，機場上照明設備運作不良，我們必須非常艱難地躲開這些掛彈的重型轟炸機，稍有不慎碰上其中一架飛機的話，整個蘭利機場都會被炸毀。

第二天一早，勞森已準備好率領中隊攜帶二千磅炸彈進行我們最後一輪的實驗。一些人勸我們放棄，因為一旦成功，海軍的處境會很尷尬。

因為建造一艘戰鬥艦的花費，足以打造一千架飛機；一些人支持我們完成實驗，他們看到空中力量在海上作戰的表現，認為如果美國不能從中獲得正確經驗，就將被其他國家超越。身為飛行員，我知道我們已經改變了戰爭型態，我們要讓每個人都心服口服。

最後的時刻終於來到，勞森上尉和他的飛行員們各載著二千磅炸彈飛向「東弗士蘭」號。經過前一天的轟炸，這艘巨艦已經下沈了許多，勞森上尉判明風速和飛行高度後，將七架飛機的大雁隊型改為單機縱隊隊型。很快，四枚炸彈相繼在「東弗士蘭」號舷側附近爆炸，炸彈掀起的巨浪將戰鬥艦拋起。最後，「東弗士蘭」號只有艦艄頂部還露在水面上，其餘部分全部沈入水中。有人認為軍艦下沈時會產生巨大的漩渦，但在實驗中並未出現。

我曾強烈地渴望炸沈潛艦和巡洋艦，當我親眼見一艘艘軍艦從我眼前慢慢消失時，我感到十分不安。我在「東弗士蘭」號上空看著它下沈，然後飛到了「亨德森」號運輸船上空，船上前來觀摩實驗的人們向我揮手歡呼。

就這樣，前所未有的航空部隊攻擊戰鬥艦的實驗結束了。這次實驗，讓人們相信飛機能摧毀水面上的任何類型的艦船。

那年夏末，我們還對另一艘戰鬥艦「阿拉巴馬」號（USS Alabama，BB-8）進行了同樣的實驗。它被拖到坦吉爾海峽（Tangier Sound）附近。又是勞森，他率領飛行中隊投下二千磅炸彈轟炸目標。這次我們要儘快炸沈它，因為在淺水中炸彈的效力更大，是首次使用兩千磅炸彈轟炸，軍艦在三十秒鐘內就沈到海底，其他六架轟炸機在後面跟著勞森用他們的炸彈攻擊。四分鐘後，目標已變成一堆亂七八糟的殘骸，再已看不出當初停在這裡的那艘漂亮的軍艦了。在它下沈之前我們試著用各種彈藥對它攻擊，白磷彈演出了壯觀的場面，重疊的火焰完全包圍了船隻。我們把迄今所知會產生最大熱能的熱溶劑炸彈投在軍艦的甲板上，軍艦的周圍被從飛機上投放的煙幕所籠罩。我們進行了夜間攻擊，炸彈在黑暗中命中了目標。

在看過各種武器的威力後，一位軍官幽默地說，將來戰鬥艦上的官兵應該每人配發降落傘，當被炸上天後降落傘能幫助他們較為安全地落地，他們還需要救生艇，便於在海上漂浮，還需要防毒面具、手電筒等。

海上對艦攻擊的實驗剛結束，我們接到命令前往西維吉尼亞州採礦區協助平亂。這裡到處是高低起伏的山丘，以至於難以找到一個可供飛機降落的場地。接到命令後，詹森上尉率領兩個中隊，飛躍了山脈並在查爾斯頓著陸。在陸地運輸極為困難的情況下，他們在極短的時間內載運著醫療隊、藥品、機槍彈藥、催淚彈和爆破彈到達了目的地。這次，我們證明空中力量有能力飛到任何地方。

一九二一年年底，美軍航空隊展現了空軍部隊面對海上艦船時可採取的一切行動。一九二二年，美國獲得了關於飛行速度、高度、距離、滯空時間的記錄。一九二三至一九二四年，美國航空部隊擊沈了更多的戰鬥艦，實現了晝夜飛越美洲大陸的創舉。之後，我們建立了環繞地球航行的飛行航線。

這些成就，已經引領全世界的航空科技走上了新的發展道路，我們的努力，有助於商業和文明的進步。可是，我們的成就還是與我們所擁有的資源和能力不相襯。

第四章

民事和商業航空

Civil and Commercial Aviation

要明白，制定法律的目的是為了促進航空發展的腳步，而非限制它，尤其是要保護小型航空公司。法案是為了幫助它們發展，而不是處處對其設限。

交通運輸是文明發展的要素。人與人交往越快速，文明程度就越高。發達國家總是以此觀點建立並控制國家的運輸系統。一個國家如果沒有運輸能力，不管它多地大物博，有多大的產能，它都無法輸送貨物，進而獲得利潤。

沒有什麼比缺乏運輸能力更能限制人類的發展了。你看，在阿勒格尼山區（Allegheny Plateau）和大西洋沿岸的小島上，那些首先來到美洲的人，他們的文明卻沒有任何進步。這種情況，就是由於缺乏運輸所造成的結果。我曾多次駕機到達一些偏遠地區，那裡的人不會讀書寫字，也不關心州長是誰，他們連最近的郵局在哪裡都不知道。

陸上和水面上的交通工具只適用於它們能夠通行的地方。在陸上，是那些適於建設公路和鐵路的地方；在水上，則是深水港、河流、海灣。這些地方都有一定的限制，如坡度較小，總是沿著河流走向等。以此產生的交通工具無法與飛機相比，因為天空遍佈全球，以空氣為介質的飛機可以為任何地方服務。

飛機優於其他運輸工具在於：首先，它的速度快；其次，飛機可以直接將貨物從空中運到終點。第二點用作商業用途特別合適。另外，飛機裝上照相機，進行空中照相的成果可用於多種用途。例如，為國土測繪提供幫助，空中照相可以描繪地面形狀，還能測出地形高低。

一九一九年陸軍航空隊建立了森林巡邏隊，為政府節省了大筆費用。

飛機的用處還體現在民事工作方面，例如，實施人工降雨緩解旱情，利用飛機滅蟲尤其是消滅蝗蟲。

在某些地方，航空勤務機構還積極參與醫療救援。泰國就有一個非常發達的航空服務機構，他們利用飛機將被毒蛇或其他毒蟲咬傷的患者運往當地的巴斯德研究院（Institut Pasteur）急救。[16]如果依靠陸地或水上交通工具，這些傷者可能因無法及時治療而死亡。如今，醫療救護飛機已經在世界各地普及。

在我看來，民用航空和商業航空是有區別的，民用航空為政府民事部門工作，不涉入陸上運輸競爭，它與嚴格的商業航空不同。商業航空

16 譯註：巴斯德（一八二二至一八九五年），法國微生物學家，首先應用疫苗接種預防狂犬病及其他傳染病，一八八八年建立巴斯德研究院。

的出發點是，與現有的所有交通工具競爭，謀求盈利和發展。我們的航空郵政就是一項十分出色的商業航空服務，我國從紐約至舊金山的郵政航線已經證明，一種正規的、安全的和持續的航空郵線是可以建立和維持的。航空郵線。可以不分晝夜，不管溫度高低，甚至是惡劣天氣都無法阻止飛行。航線實際上在世界任何地方都可以建立。

紐約商人協會認為，使用航空郵件，將使各城市與紐約之間往返平均節省時間十二至十四小時。據說，如果懷俄明州首府夏延市與芝加哥和紐約之間都採用航空郵件的話，該地區之間每天就可有三十萬美元的「資金」流通。密蘇里州的坎薩斯城第十聯邦儲備區有五十九家銀行，它們與四千四百一十六家銀行每天有二四〇萬美元的票據交換額，幾乎這些營業額的百分之五十都是與紐約、明尼亞波利斯、丹佛和達拉斯進行的。這些例子，足以說明，使用航空運輸，僅在財政活動方面，就能大大獲利。可想而知，若在亞洲人口眾多的各中心和美洲建立航空郵政機構，兩地通信的時間將由四至六周減少到六十至八十小時，其結果又將如何！

妨礙商業航空發展的原因是：巨大的運營成本，以及缺乏了解空運貨物是一項有利可圖事業的認知。商業航空想賺錢就必須做到航班定期，運送旅客和貨物一定要安全，而不會有太高的事故發生率。

一九一八年世界大戰停止後，歐洲國家就立刻建立商業航線。他們改裝了大戰時使用的軍用飛機來載客，但這類飛機的使用費用很高。此後，人們不斷努力，試圖開發出一種真正的商用飛機，這種飛機的保養和使用費用將可以大大降低。以目前的情況來看，再過不了多少年，飛機就可在運載貨物和輸送乘客方面與陸上和海上的任何交通工具相匹敵。

看起來，同樣是運輸距離為一英里，飛機運送一磅貨物所產生的費用幾乎與火車運輸一噸貨物的費用相當。運輸同樣重的貨物，飛機在空中飛行所需的牽引力是火車的十倍；飛機燃油的單價是火車燃料的十倍；火車運送一〇〇噸貨物只需要五、六個工作人員，而飛機每運送一噸貨物至少需要一名飛行員。

目前，在五〇〇英里範圍內，飛機所需的時間比鐵路長，這是因為機場遠離市區，而且還要考慮到上下飛機所可能耽誤的時間。如果機場位於輪船碼頭或鐵路沿線附近，上述問題就不存在了。

有時，為了節省時間，夜間空運旅客也是可能的。例如，從紐約至芝加哥，晚上從紐約搭乘飛機第二天早上就能到達芝加哥，這比乘火車方便多了。進行夜間飛行，基本上要求距離超過五〇〇英里。

關於安全性，在嚴格的管理和有完善的航線設施前提下，飛機的安全性可與地面運輸工具相比擬。軍事飛行事故頻傳的原因在於，軍隊的著重點並不在飛機的安全性能，而是在其他性能上，如要求其速度最快、載重最大等。軍用飛機通常以編隊方式活動，於是經常出現飛機相撞的現象，加上空軍總是要對敵人施以最大程度的打擊，因而這種撞擊的危險極大。關於商用飛機，一切以乘客和機組人員的安全為前提，所以已經極為安全了，對於風暴和大霧這類航空殺手，我們已經採用了新儀器，例如我們可用無線電報發出警告，讓飛機避開風暴。隨著科學的進步，我相信這種安全系數還會繼續上升。

至於速度，飛機已經超越了其他所有交通工具，今後它的速度還會進一步提高。

對於航空事業，我的觀點是，政府需要以實際行動來支援它的發展。關於航線，我們的政府需要宣導航線開發。歐洲國家採用了高額補貼制度，即如果一個公司有意開展兩地之間的飛機運輸業務，而它又通過了國家的審核，就可從政府得到一大筆錢，這筆錢差不多是購買飛機和設備金額的一半。此外，該公司的這些設備要隨時處於良好狀態，並經常接受政府的檢查；所有使用的飛機，都可以轉作軍用；飛行人員和地勤人員也要通過政府的考核，各公司可按照它所擁有的飛行員和地勤人員獲得一定的補貼。最後，公司每年最低應獲得百分之五的淨利，如果低於這個水準，政府應幫忙補足差額；如果高於這個水準，則收入歸該公司擁有，政府也不再補貼。

這種補貼制度讓商業航空發展了起來，而且公司和政府都能維持航線上的人員和裝備。事實上，這種措施的基本目的在於軍事，商業處於次要。

世界強國已經看到了航空運輸的前途，看到了它的潛力，它們正在為壟斷這項事業制定計劃。但在美國，政府還沒有制定商業航空制度，只提供了少量的資助，這與那些往來於倫敦、巴黎、布魯塞爾、柏林以及其他大城市之間的商業航空運輸相比，我們做得實在太少了。

美國應該建立一家航空公司開拓商業航空運輸事業。它可以利用現有的航空郵件服務建立商業航空路線，運送郵件、貨物，搭乘旅客等。這家航空公司應該保持精準的成本計算，公開飛行所需的最佳設備，公開空中交通所需費用。這可以為有意投入商業航空運輸的民營航空公司提供成本參考，使其明確知道需要投入多少，能夠收到多少利潤。

在進行這些工作的同時，政府還需要進行調查，什麼貨品最適宜航空運輸。這些工作只能由政府主導，因為它需要花費大量金錢，做大量的調查。

如果美國能這樣做，那麼我們國家的商業航空就將迎頭趕上，甚至超越歐洲國家。在不久的將來，當航線在我國普遍建立起來以後，我們還可以建立起到南美洲、亞洲、歐洲的航線。

最近，關於氣流的研究有了新的進展。我們完全可以假設，如果我們能利用強大氣流飛行，就能大大縮短洲際的飛行時間，這在未來是可能實現的。

在歐洲世界大戰前，德國的航空運輸已經超越了其他國家，德國發明齊柏林飛船，並且利用這些飛船運送了二十多萬人次的乘客。相較於飛機，飛船的成本更低，而且其成本未達到最低額度。大飛船的運營成本比小飛船低得多，飛船乘客可以付最少的錢，而只耗費乘坐火車的一半時間就能到達目的地。

使用飛船所需的地面設施比使用飛機複雜，它需要巨大的機庫，以及在風暴中繫留飛船的設施。法國使用的是一座加固的混凝土建築。建造一架飛船所需的地面設施可能需要花費一千萬美元，但這與輪船和火車相比，也就不算多了。據稱，我們的賓夕法尼亞火車站和紐約火車站就花了將近二億美元，華盛頓火車站花了三千萬，芝加哥火車站花了六千萬，而在紐約和芝加哥各建一個飛船航空港大約需二千萬美元，而它所能運載的旅客，與目前紐約至芝加哥的火車客流差不多。

乘坐飛船旅行再舒適不過了，飛船的艙內很寬敞，乘客可以在其中散步，而且飛船完全沒有火車的顛簸和震動，也沒有海浪的起伏，沒有灰塵、噪音，溫度適宜，窗外風景極佳；飛船的安全性能也很高。當人們了解到飛船的這些好處後，它就能很快地普及開來。

飛船的續航力遠超過其他航空器，所以，它的巡航半徑超過其他交通工具。英國的 R34 級飛船和德國的 ZR-3 飛船曾橫渡大西洋，我相信它們也可以輕易地橫渡太平洋。如果德國不是受到戰後《凡爾賽條約》

的限制，今天的德國已經擁有遍及全球的飛船航線了。

齊柏林公司（Zeppelin Company）是一家出色的航空科技企業，[17]它有許多分工不同的子公司，這些公司為飛船製造蒙布、內架和內部結構所需的硬鋁、發動機、氣囊的金箔外殼、氣體，以及許許多多飛船結構所需的東西。這些公司所獲得的利潤又再轉向給齊柏林公司作投資。通過這種方法，公司完全不需要政府的補助。只要時機適當，齊柏林公司不但會在德國重振業務，而且會到德國以外的國家發展。毫無疑問，它一定會這樣做的。

一九二四年十二月十六日，我們的一架飛機在一架飛船上降落了，這次實驗由我們陸軍航空隊達成，對未來飛船的使用產生了深遠的影響。這一次的實驗，證明旅客可以從飛機登上飛船，或從飛船登上飛機，或者可以利用飛船為飛機加油。總結來說，飛船可以作為飛機的母船。

我們需要為商業航空制定一個統一的發展規劃，我們還需要為飛行員和飛機制定一個檢驗規則。目前，我們還沒有管理這類事務的專門機構，也沒有適用的聯邦法律。這樣任何人都能在沒有規範的情況下使用飛機，而全然不顧是否安全。雖然每個州都可以制定航空法令，如果沒有聯邦法，那麼將來就將出現地方航空法令氾濫的情況，從而嚴重干擾天上的秩序。

要明白，制定法律的目的是為了促進航空事業的發展，而非限制它，尤其是要保護小型航空公司。法律是為了幫助它們發展，而不是處處對其設限。同時，我們的管理和執行機構必須根據航空方面的知識嚴格執法。在英國，航空部未建立之前，英國商務部制定的航空法規中規定，兩架飛機在霧中相遇時，必須鳴霧笛！這條規定太可笑了，一看就知道，這是完全沒有航空經驗的人所制定的。

我們在建立航線時，必須在沿線設立飛行員可以看見的標誌，保證他晝夜可正確地飛行。其實，夜間飛行與白天飛行一樣可靠，可能比白天還容易些，晚上十二點之前，飛機很容易保持航向——大小城市都是很好的導引地標。十二點以後，燈光都熄滅了，如果沒有夜間導航燈系

17 譯註：該公司創始人是斐迪南·馮·齊柏林伯爵（一八三八至一九一七年）。齊柏林伯爵是德國貴族、工程師和飛行員，他是世界航空史的重要人物之一，齊柏林飛船就是他發明的。

統，航向就很難維持了。將來，飛機將擁有無線電導航系統、氣象系統、各種先進的儀錶。當這些先進科技成果應用在飛行上以後，就能定期運送旅客和貨物從紐約至舊金山。現在，我們已經開展了這些業務，進行這樣一次航空旅行雖然要花費約四五〇美元，但是飛行速度卻至少比火車快三倍，而且還比火車更舒適。

未來，我們可以建立飛往南美洲的航線，用五十幾個小時將旅客從紐約送到阿根廷。我們也能建立從紐約經加拿大、阿拉斯加、西伯利亞直達北京的航線，而只需花六十至七十小時。

至於飛船，它能裝載的旅客和貨物都比飛機多，但是其速度就只有飛機的一半左右。飛船和飛機都比陸上和海上的運輸工具快，它們也不受陸上和海上交通的限制。哪兒有天空，它們就能在那兒飛行。

將來，我們的世界將變得越來越小，航空運輸大規模發展起來是早晚的事，至於多早，就要看政府的表現了，在政府英明的領導之下，我們等待的時間將大大縮短。這是由於民用航空公司的建立，需要政府從資金和技術上給予支援。空中力量的持久發展，必須以商業航空為堅實基礎，我已經指出，美國發展航空事業的優勢是其他國家所無法比擬的。

第五章

如何建立航空部隊？要成為主角，還是流於配角？

How Should We Organize Our National Air Power? Make it a Main Force or Still an Appendage?

因地理位置而依賴海上貿易的國家，必須花費巨大的努力和財富保障本國的海上貿易，……對海上貿易依賴性不大的國家，應該將國防經費和精力投入到能夠直接擊敗敵人的工具上，沒有必要在非決定性的地方浪費人力和物力。

「沒有遠見的人民，必將滅亡。」（Where there is no vision the people perish）這句古老的聖經經文，也適用於航空和空中力量的發展。

我們正處於空中力量發展的轉捩點，我們的一切行動都將受民眾的檢驗。這是一個關鍵時刻，目前，我們最需要的是遠見。巨大的可能性在未來，而不是在過去。我們面臨著艱難的選擇，是要把發展航空的責任置於一個機構之下，還是繼續將航空發展工作分散於非專業的權責機關之中？世界列強正因有遠見，正全力以赴地掌握空權，以求將來不被對手超越。

發展一項事業，需要集中精力、時間、金錢，才能獲得成功。在經濟方面，空軍與陸軍和海軍不同，每一架飛機平時都能使用，每一個民航飛行員也能在戰時駕駛飛機作戰，每一個地勤人員也能在戰時發揮其職能。航空事業的全部效能，有百分之九十可用於戰時。一個國家在平時為航空發展做出的努力，也能立即轉用於軍事目的。例如，我們可以將空軍部隊用於國土測繪、森林防火巡邏、人工降雨、滅蟲等任務。在平時，國家可使其航空總實力的一部分從事軍事職能，其餘的大部分用於民航與民事工作，只需每月或每年集中一定時間進行演習和軍事訓練即可。

世界各國都已經仔細研究了航空所面臨的各種問題，它們追求著投入航空事業後的利益最大化。從軍事觀點來看，航空人員必須研究空中力量對於海軍及其前途的影響。他們知道，空中力量可以摧毀活動半徑內的任何水面艦隻。他們也明白，上一次世界大戰中，海軍的水面艦隻除了承擔運輸和巡邏任務外，極少參與作戰行動。上次大戰中，一三四艘軍艦被擊沈或擊毀，德國潛艦擊沈六十二艘英國軍艦、八艘法國軍艦與義大利的大船，美國的軍艦沒有遇到任何戰鬥，連在歐洲水域內活動的軍艦也一樣。

戰爭過程中，飛機要摧毀或攻擊潛艦是很難的，因為飛機很難探測到潛艦，潛艦在水面下飛機就難以發現它。用空中力量對付潛艦，效果遠不如對付其他水上或陸上的目標。空中力量對付潛艦的最好方法就是，炸毀潛艦的基地和燃料補給站。這就需要最可靠的潛艦相關情報。

潛艦是未來海上作戰的主要工具。從我們已有的記錄發現，在歐洲世界大戰中，潛艦的威力強大，英國海軍戰鬥艦「奧達休斯」號（HMS Audacious）要嘛是被魚雷或水雷所擊沈。英國海軍裝甲巡洋艦「漢普郡」號（HMS Hampshire），連同搭乘該艦的英國陸軍大臣基奇納伯爵陸軍元帥（Lord Kitchener）沈入大海。另外還有裝甲巡洋艦「克雷西」號（HMS Cressy）、「阿布基爾」號（HMS Aboukir）和「霍格」號（HMS Hogue），都是被魚雷擊毀後，在短短幾分鐘內沈沒。據報導，同盟國的潛艦曾在土耳其的達達尼爾海峽擊沈二艘戰鬥艦，並把協約國的艦隊驅趕至穆德洛斯港。據說，同盟國的潛艦人員曾經在土耳其領土登陸，放置炸藥摧毀一座橋樑。那時候，美國的軍艦就只能滯留在軍港內，或者以最大的航速在公海上作短短幾小時的「之」字形航行。

按照過去的海軍思想體系，一艘現代化戰鬥艦的造價是為五千萬至七千萬美元，它還需要價值二千萬至六千萬美元的巡洋艦四艘，價值三〇〇萬至四〇〇〇萬美元的驅逐艦四艘，潛艦四艘，以及一定的空中部隊。此外，它還需要一千多名人員，以及大量的軍需品，還有船塢和補給。所以，每造一艘戰鬥艦，國家將要花費數億美元，這還不包括每年的保養費。最後，戰鬥艦每隔幾年就要改裝升級，不然就會過時。

戰鬥艦和其他水面艦船一樣，也需要空中力量的保護，否則它將無法應付空襲。潛艦破壞海上貿易的功效越來越大，已經超過了戰鬥艦，一些國家已經逐步停止建造戰鬥艦，只剩下英國、日本、美國還有後繼的建造計畫。

英國和日本幾乎依靠海上貿易為生，這兩個國家的地理位置，使得它們必須保護自己的商業，否則就會被餓死。美國則不一樣，我們地大物博，不靠海上貿易也能生存。所以，像英國和日本這樣因地理位置而依賴海上貿易的國家，必須花費巨大的努力和財富保障本國的海上貿易，而像美國這樣一個對海上貿易依賴性不大的國家，應該將國防經費和精力投入到能夠直接擊敗敵人的工具上，沒有必要在非決定性的地方浪費人力和物力。

身為航空人員，關於國家軍事建設發展，我的意見是，國防應該大致由以下四個方面組成：

一、保衛國土安全，以便順利籌集作戰物資，這需要陸軍和空軍聯手確保國家的安全；

二、防禦海岸和前線的任務，可以交由空軍執行，它可以打擊敵人的航空器和敵人的軍艦，本土防衛，則可交給陸軍；

三、海上交通的控制，飛機活動半徑之內由飛機承擔，活動範圍之外，則由潛艦承擔，水面艦隻擔任輔助性的角色；

四、跨海和越洋作戰，則應該是由空軍提供掩護，加上潛艦和陸軍的協助。陸上基地和海上基地（即航空母艦）都將受到空中力量的打擊，未來不太可能出現戰艦掩護著運輸船，將部隊運往歐洲的情況發生，因為面對強勢的空軍，這種方式無疑是在自尋死路。

所以，我們現在要做的是，完全掌握制空權，只有如此，才能渡海作戰。空中力量將成為未來戰爭的主要工具。

歐洲的世界大戰中，潛艦已經證明了它們強大的威力。德國潛艦數量增加之快，以及它們的性能提升之快，讓協約國瞠目結舌。德國潛艦的活動半徑之大，續航時間之久，一度被認為是不可能的。

我們橫渡大西洋的運輸船，很少遭到真正的攻擊，以至於我們有人還不知道途中有德國潛艦埋伏，他們甚至納悶，為什麼德國不用潛艦攻擊。那麼，為什麼我們的部隊在海上沒有遭到什麼損失呢？最普遍的猜測是，德國不願意冒險進攻帶有大量深水炸彈的驅逐艦護航船團。不過，認為德國人缺乏勇氣的想法是不對的，德國人最不缺的就是冒險精神，他們的潛艦艦長更是如此。

從截獲的情報以及對戰俘的審訊和停戰後得到的證據中，得出的結論是，他們制訂作戰計畫的標準是擊沈敵船的總噸位大小，而且升遷、授勳也是以此為基礎。按照他們的標準，名列德國潛艦攻擊榜首的是油輪。要知道，德國潛艦曾擊沈了七〇艘協約國的巨艦。

德國人認為，擊毀商船就能贏得戰爭的想法是有些一廂情願。他們要求每一條魚雷都要發揮效果——打掉一艘船，於是只能挑容易下手的船隻。為了讓每一條魚雷都能擊沈目標，就必須長期等待。往西的運輸船比向北的容易下手，因為往西的運輸船沒有強大的護航，而且從長遠看，攻擊滿載的船與空載的船都沒有多大差別，至少這種差別不值得冒額外的風險。

據說，潛艦擊沈協約國商船約一千一百一十五萬三千五百零六噸，其中六百六十九萬兩千六百四十二噸是英國的。僅在一九一八年，英國受潛艦攻擊就損失了一百六十六萬八千九百七十二噸船艦，損失占英國商船總噸位的百分之四十，英國已經瀕臨饑餓邊緣。

戰時，德國共派遣了五艘潛艦到美國，這些潛艦在離美國近海處擊沈了五艘各種類別的艦船。德國總共建造了大約四三〇艘潛艦，其中大約有一四六艘被擊沈，包括：四十二艘被錨雷炸沈，三十五艘被深水炸彈擊沈，二十四艘被火砲擊中，二十艘被潛艦發射的魚雷擊中，十八艘因相撞等意外沈沒，七艘遭空中攻擊沈沒。

潛艦每噸造價與各型水面艦艇相同，潛艦的壽命與大型軍艦相當，比輕型快艇較長。潛艦的維修、燃料、人員和其他運作費用低於任何艦艇。潛艦的防衛能力也尚未過時，它既不靠速度，也不靠火力，只是依靠潛艦本身的隱藏能力，以及無需支援就能單獨活動的能力，這是其他軍艦無法做到的。只要它們能長時間保持最大航速航行，就能避開強敵。

有人認為，只要有了水聽器或其他類似儀器，就能解決潛艦，也確實有一些德國潛艦被使用水聽器的軍艦跟蹤並擊毀，但是這種可能性不大。任何一名表現良好的艦長都會聲稱，他可以逃避任何水聽器的追蹤。偵聽儀器需要改進，但自停戰以來，它毫無進展，所以還沒有什麼儀器能對潛艦構成大的威脅。不要忘了，自從潛艦成為偵聽船以來，這些儀器反而有助於它反制反潛艦。

潛艦耗油少，即使一艘小型潛艦也能航行很長時間，而一艘大型潛艦也可以不靠岸做環球航行。德國潛艦的柴油主機很省油，它的燃油艙和壓載水艙能儲存大量燃油。裝載了這些燃油只會稍稍影響潛艦的靈活度和速度，而不會對其他性能造成影響。我已經說過潛艦的防衛能力不依靠速度，所以攜帶大量的燃油是安全的。

航行時間長，意味著需要有良好的居住條件和大量儲存的消耗品。事實上，如果潛艦設計得好，船上生活還是能忍受的。未來，可能設計出儲存量大的潛艦來。這些因素可以使潛艦在海上維持很長一段時間，可以航行很長距離而無需補給。

對潛艦作戰價值批判的主要觀點認為，潛艦是否能進攻水面戰艦。目前，潛艦已經證明，它可以在任何地方佈雷；艇上的火砲也發揮了很大效果；艦上的魚雷即使很節約地發射，也能擊毀敵方巨大的軍艦。除了造成直接的損失外，魚雷形成的封鎖也嚴重威脅到了協約國的日常生活。為了應對潛艦而採用護航艦船，耗費了大量的資源和人力，例如，驅逐艦必須採用特殊的武器和戰術，而偏離了我們建造驅逐艦的原意。在歐洲的世界大戰中，潛艦付出的代價遠遠低於它們給協約國造成的損失。

潛艦的直接進攻能力還在繼續發展。一艘英國潛艦只要裝上一門十二英寸的火砲就可以很好地作戰，[18]而在潛艦上裝載八英寸或口徑更大的艦砲，其彈藥供應與火力控制是很容易做到的。火砲只是潛艦的輔助性武器，它的主要任務還是水下攻擊。我們有理由相信，大力發展潛艦的進攻能力是可行的。

潛艦軍官們普遍認為，在下一次國家危急的時刻，他們將在最前線戰鬥。水面艦隊在戰爭開始前，就會持續一段時間的敵對行動。較弱的艦隊將撤到飛機活動半徑之內的海域，以便得到空中力量的保護。在敵軍空中力量和潛艦的威脅下，優勢艦隊不太可能出現在公海上，它們的用途變小，過去那樣的大規模艦隊活動會漸漸減少。

因此，一個國家軍事力量的現代化組織表現在，陸地和海上有飛機與敵人的空軍戰鬥；摧毀海上的艦艇以及陸上的目標；潛艦成為控制海上交通線和協助空中力量的主要工具；陸軍在陸上保衛國土安全，以及保衛飛機和艦艇的基地，它需要與空中力量並肩作戰，抗擊敵人的陸軍。

未來，以戰鬥艦為基礎的海軍，不再能主宰海洋。戰鬥艦的地位將逐步降低，如果仍保留戰鬥艦，它將受到天上飛機和水下潛艦的威脅，戰鬥艦所能獲得的收益與巨大的投入相比，太得不償失了。空中力量和潛艦的大量使用，導致了未來作戰方法的改變。

建造和保養這些耗資巨大的水面艦艇，是不明智的，我們需要更有效、更先進的防禦方法。一艘戰鬥艦及其附屬裝備的價格，就已經可以製造四千架飛機。

以美國目前的戰鬥艦艦隊數量來算，可以製造七萬二千架飛機。在未來可預知的任何危機所需的飛機，數量也不會超過四千架，這與建造和維護這些軍艦相比，花費將會少了許多，而且飛機平時又能大量用於民用航空和商業航空。我們要考慮的費用，遠不止戰鬥艦和其附屬設備的費用，海軍造船廠也是需要考慮進去的，美國有約二十個造船廠，總值約十三億美元。此外還有保養費和折舊費，每年都需要很大一筆錢。

許多造船廠通往船塢的航道水深不夠——吃水四十英尺，戰鬥艦因而不能到那裡修理。如果把海岸防禦的任務交給飛機，海軍的海岸防禦任務也要改變，許多海軍基地就可以取消。為了作戰，海軍必須擁有基

18 譯註：一英寸＝二·五四公分。

地，在某些情況下，這些基地甚至要在遠離國土的地方設立，這又將需要數百萬美元用於建造船塢、油庫、潤滑油和彈藥庫以及車間。這些價值巨大的設施，完全無法抵抗空軍的襲擊，這麼大筆錢還不如用來發展飛機和潛艦。

我們在河口、港口或港口入口處部署大砲，以擊退敵軍水面艦船，而擁有飛機以後，這些海岸要塞成本將降低，因為飛機能攻擊距岸很遠的艦船，這將使許多岸砲都失去了存在的價值。我們可以將這筆錢剩下一部分，為陸軍增加更多的火砲，或用於增加飛機。這樣，擁有了強勢軍力的空軍和陸軍，敵人就很難在美國獲得立足點。

對於民事航空、商業航空、軍事航空的發展，我們需要有遠見。陸軍和海軍一開始就各自擁有附屬航空隊，這就是毫無遠見的作法，因為這些附屬航空力量無法用於民事和商業用途。

關於飛機的預算問題，只要預算由陸軍、海軍或其他政府機構提出，航空隊就只能作為輔助性兵力，它所需要的預算，將由那些非航空專業人員決定，這就不可避免地走向了浪費和無效率。

同樣重要的還有人員問題，目前我們已經擁有一支從事空中工作的人員，他們與陸上和海上工作的人不同，平時，航空隊的死亡人數占陸軍死亡人數的百分之五十，戰時，飛行軍官的傷亡比例很大。因此，我們需要一個與陸軍和海軍完全不同的訓練、領導、後備和補充制度。

另外，我們還需要一個人主導空軍的事務，這個人統一負責空軍的發展，他將擁有與陸軍、海軍主官同等的權力。以往，不論平時還是戰時，陸軍和海軍總是在某些問題上爭執不下，新軍種的加入，可能會打破這種僵局。從根本上說，政府的所有國防力量都應該集中於一個部門之下，它將控制全國國防，這就可以精簡機構，裁減行政費用，提高工作效率，而陸海空三軍的任務也將徹底切合國家的需要。

世界強國正在解決上述問題，它們在改變自己國家的相關結構，以適應時代的需要。

英國建立的空軍部（Air Ministry），[19] 其地位與陸軍和海軍相同，

19 譯註：一九一八年一月，英國成立了世界上第一支獨立空軍——空軍部和皇家空軍，由羅瑟米爾勳爵（一八六八至一九四〇年）出任首位空軍大臣，特倫查德勳爵（一八七三至一九五六年）為皇家空軍參謀長。

掌管英國所有航空事務，空軍、配屬陸軍和海軍的航空部隊，民事航空和商業航空，同時還掌管了航線、氣象機構、無線電控制站以及客機和貨機的補貼事宜。空軍大臣負責全國的空中防務，空軍在帝國行政架構中佔有一席之地，具有與陸軍和海軍在會議中的平等發言權。

很有可能出現這種情況：陸軍和海軍都將在空軍司令官的指揮下保衛英倫三島，因為英倫三島一旦遭到攻擊，各軍種的最高利益將集中於空中。當戰爭發展到由陸軍或海軍居主要角色時，最高指揮部將把指揮權交給最有利的那一個軍種。在使用空軍更有利的地區，這樣的作戰應交給空軍負責。英國空軍就曾因此控制伊拉克好幾年。

英國空軍相信空權的未來，他們具有遠見，知道空軍的職責。這與空軍在陸軍和海軍管轄下由它們指示空軍應該如何做有所不同。英國空軍為陸軍和海軍做出了巨大貢獻，例如，它直接影響了英國海軍最新的大型軍艦的設計。這種軍艦就是有裝甲防護的航空母艦，艦上的火砲和飛機可以征服現有的任何水面艦艇。航空母艦的出現，使戰鬥艦成為過去式，就像無畏艦曾取代其他軍艦一樣。現在海軍面對的問題是，研發新型的軍艦，使其與航空母艦相匹敵，甚至超越它。

法國將主要精力放在航空發展上，它不再建造戰鬥艦，而是建造潛艦和世界上規模最大的空軍。法國成立了獨立的航空部，由它負責航空事務，但空軍仍由陸軍統轄。法國的方法有一定的發展，但並不能與英國那種趨近完善的組織架構相比。

義大利正在建立一個類似於英國的獨立航空部；德國從一九一六年就擁有了獨立的空軍部隊；丹麥正逐步減少陸軍和海軍，改由空軍和警察來防衛；瑞典設立了空軍部；日本也正在努力研究航空科技，雖然它還沒有一個有效的編制；蘇聯建有統一的國防部，其航空力量也在發展當中。

美國還在猶豫是否該加強發展航空，但這個問題已經迫在眉睫，我們越來越需要航空力量。我國曾結合來自民間的代表，陸軍、海軍、國防委員會的代表，以及航空工業領袖，由副戰爭部長帶隊的考察團，就此問題進行調查研究，並於一九一九年七月十九日向戰爭部長作出報告。報告內容如下。

戰爭部長閣下：

依照您的指示，美國航空代表團到法國、義大利和英國進行了訪問，並與各國政府的部長、陸軍、海軍高級指揮官和主要的飛機製造商會晤。

代表團深入研究和調查各種組織架構、製造和研究單位。代表團全體成員得出以下意見：我們必須立即以實際行動來捍衛美國在航空發展方面的利益，以確保戰爭期間[20]我們在航空事務上投入的鉅資能發揮效能，並維持十分必要的工業。我們在戰時建立的工業發展有九成被取消了，除非政府採取行動，否則剩下的也會消失。

我們將問題歸納成以下三個方向，即一般組織、商業發展、技術發展。簡而言之，政府要制定某種固定的政策，拯救美國的航空事業，使美國與歐洲強國處於平等地位。

我們建議，將美國陸軍、海軍和民用的航空事業集中起來，由一個為此目的而建立的政府機構領導，它將具有與戰爭部、海軍部、商業部同等重要的地位。我們可以稱它為國家航空署。

為完成考察，代表團訪問了英國、法國、義大利，並與相關負責人，尤其是那些最有經驗的航空界人士，進行了會談。

在法國，我們與協約國軍總司令福熙元帥，法美事務部長安德列·塔迪厄，航空署主任杜瓦耳將軍、前副航空工業部長雅克·杜梅西爾，軍事委員會主席、現任重建部長盧舍爾、前副航空部長達尼埃爾·樊尚，國會航空委員會主任、議員加斯東·米尼爾，民航部際委員會的德吉龍少校，進行了交流。

在英國，我們與下議院議員、陸軍國務大臣和空軍國務大臣溫斯頓·邱吉爾，英國陸軍總司令、陸軍元帥道格拉斯·海格爵士，英國皇家海軍元帥大衛·貝蒂爵士，空軍副國務秘書西利少將，皇家空軍參謀長特倫查德少將，皇家空軍供應與研究局局長埃林頓少將，皇家空軍民航管制局局長賽克斯

20 譯註：即第一次世界大戰。

少將，空軍部長魯濱遜爵士，目前在飛機製造公司任職的皇家空軍少將布朗克爾爵士，進行了交流。

在義大利，我們與義大利駐巴黎航空隊主任格拉西，義大利外國航空調查團的查多尼上校，義大利海軍航空隊主任奧爾西尼海軍上校，技術局局長克羅科上校，航空國務秘書西尼奧爾．孔蒂，交流了經驗。

在訪問中，我們談到了在戰爭中所犯的錯誤和取得的成就，也許再也沒有人比克列孟梭更強烈或更直率地關注協約國航空的未來了，在他的兩封信中，第一封信是致美國總統的，他強烈要求立即考量空權的問題並與和平會議聯繫起來；第二封信致法蘭西共和國總統，他建議起草一個法令、建立一個獨立的航空部。

這些問題關係著國家的安危，我們不僅要從軍事角度，還要從民事、商業和經濟的角度去研究，因為空中力量將成為世界發展的決定性因素。

第六章

空權對國際軍備限制的影響

The Effect of Air Power on the Modification and Limitation of International Armaments

民眾總是期望不採取戰爭手段去解決國際爭端。這種心態，容易滋生一批官僚，而不是全心全意服務國家的公僕。

飛機和潛艦的威力急劇增加，為我們提供了新的限制軍備的機會。從本質上來看，這兩種國防利器都是防禦性的軍事裝備，與渡海和海外侵略的進攻性裝備不同，它們將進一步削減一個國家的經費，例如，用建一艘戰鬥艦的資金建造和維持一千多架飛機的編制。

在平時，飛機既可用於民事和商業，也能用於軍事。事實上，航空器的發展，如飛機製造廠、航線、飛行員、地勤人員等，都明顯屬於軍事財富，卻又能在平時取得收益，這比起為戰爭維持一支空中力量更能節省軍費開銷。

潛艦的造價遠遠低於戰鬥艦和巡洋艦，它卻能攻擊任何艦艇，它的攻擊能力還在不斷加強當中，而對付敵方潛艦的最好方法就是利用自己的潛艦。

現代戰爭中，潛艦可能是控制海上交通線的主要工具，同時飛機也能控制其活動半徑內的海上交通線。以戰鬥艦為主導的制海權理論，已經過時了。

即使拋開各國民事航空與商業航空的競爭，只看國際上的空軍方面事務的競賽，就能準確地判斷現代化軍事力量的構成和價值。作為軍事力量主要戰力的陸軍和海軍已經存在有幾個世紀之久了，它們的變化多在於工具和裝備，卻很少看到在戰略與戰術方面的改變。

與空軍相比，陸軍和海軍的動作緩慢，它們人數眾多，需要大量的裝備，以及數量龐大、耗資甚巨的後勤單位。

空中力量的出現，改變了這種情況。過去，只有陸軍和海軍互動，而現在陸軍和海軍都與空中力量形成了一種新的互動關係。即使敵方的陸軍、海軍都與我國的陸軍、海軍接戰，它若不能掌握空中優勢，也無法獲勝。空中力量決定著一個國家的命運。未來，遠離邊境發生的空戰將具有決定性影響，如果一個國家在空戰中失敗，它就只能投降，我們不用指望在陸上和海上進行決戰，因為無限制的空襲將徹底摧毀沒有空優的國家。

空軍的職責是在空中作戰、襲擊地面和海上的目標，這些都不用陸軍和海軍參與其中。我已經說過，空中力量優於陸海軍的特點在於，軍用空中力量在和平時期也能用於其他方面，如航空測繪、郵政運輸、森林防火巡邏、農業蟲災防治、農田測量、救生等。陸海軍無法像空中力量那樣用於民事事務。

從純軍事角度來看，唯一能夠防禦敵方對國土空襲和防止敵方從海上進攻海岸的主要防衛力量就是空軍。地面防禦無法阻止敵人在國土上空的襲擊。在沿海，空軍是防禦敵人水面艦艇的主要力量，因為它能擊沈或炸毀任何艦船。不過，它對潛艦的作用不大，所以，未來海軍的海上作戰將多由潛艦執行。

戰鬥艦造價龐大、難以保養，難以抵禦潛艦和飛機的攻擊，它終將會被淘汰。以戰鬥艦來衡量海上勢力的時代已經過去了，戰鬥艦艦隊再也無法控制海上交通線，這一任務將交由飛機和潛艦來執行。潛艦的強大威力，已經為人所熟知。歐洲世界大戰期間，德國在海上僅用了三十艘潛艦，就使得英倫三島瀕臨斷糧的邊緣。德國以不超過一萬人的潛艦部隊，與近百萬協約國部隊、上億美元的武器裝備周旋。

在世界大戰中，德國用潛艦擊沈了英國的「奧達休斯」號戰鬥艦、「漢普郡」號裝甲巡洋艦、美國「聖地牙哥」號（USS California，ACR-6）裝甲巡洋艦，以及重創美國「明尼蘇達」號（USS Minnesota，BB-22）戰鬥艦。這僅僅是潛艦作戰的初登場時期，也是人類有史以來第一次使用潛艦作戰。現在，潛艦的發展很完善，並形成了多種水下攻擊戰術，如利用魚雷、水雷以及水面火砲攻擊，這要比在歐洲的世界大戰中要先進多了。潛艦續航力強，甚至可以繞行地球一周。它最大的特點是隱蔽於水下，令飛機和水面艦艇對它束手無策。防禦敵方潛艦的最好方法只能是利用自己的潛艦去攻擊對方。

未來，當戰爭在兩個隔海相對的強國間爆發時，所有通向敵方的海上通道都將由潛艦佈滿水雷，所有大洋都將被劃成方塊。每一個方塊都將由潛艦負責巡邏。

當人們明白潛艦足以摧毀任何水面艦艇時，許多國家都將大力發展潛艦，因為潛艦更經濟、有效。然而，潛艦僅僅是一種防守用裝備，不能像水面艦艇一樣運送遠征部隊。目前水面艦艇的任務是運送軍隊渡海，或者用航空母艦運載飛機。由於航空母艦不能對付敵方在陸上的空軍部隊，因此只能對付敵方水面艦隻。

空中力量不論在進攻或防守當中，都將會有決定性的地位。

對與敵人隔海相望的島國或大陸國家來說，敵人的陸軍是很難入侵對方的，海軍也無法對這個國家造成多大的威脅，因為它的空軍能摧毀任何接近該國海岸的敵軍水面艦艇。它的潛艦能在沿海佈防，致使敵方無法用艦船運送遠征部隊登陸上岸。

未來的入侵，將由飛機作先鋒。以往，人們認為，要入侵一個國家，必須要打破它的防線，如果這個國家隔著海洋，就要突破它的海上防線，然後到達海岸並登陸，隨後進入該國腹地。現在，這種狀況已經不復存在了。

無需突破陸軍或海軍的防線，飛機就能直接飛過這些防線，攻擊一個國家的心臟，並獲得戰爭的勝利。

要奪取戰爭的勝利，必須摧毀敵國軍隊的一切後援，即工廠、交通運輸、糧倉、軍工廠，以及人民進行日常生活的地方。這不僅將使敵方軍隊得不到後勤補給的支援，還能使人民屈服。這一類作戰目標，飛機能在短時間內完成。

將來，一旦交戰一方奪取了制空權，將不會再有犧牲百萬生命、長達幾個月甚至幾年，投入地面部隊廝殺的戰爭。

目前許多作戰裝備已經過時，它們將被更經濟有效的裝備替代。許多國家還在使用上一次大戰時的裝備，以上一次大戰的方法指導戰爭，但勝利女神眷顧那些以現代化戰法來運用武器裝備的國家。

我們應該仔細思考空中力量可能受軍備限制的影響。當民眾意識到國家軍備中的各種武器毫無用處，並且充分了解其使用條件時，就將呼籲要限制軍備發展。

民眾不願面對危險，更不會放棄能保障其安全的國防計畫。在經常與鄰國發生戰亂的國家，每個人都知道國防的基本原則是什麼，他們願意服兵役，他們也願意獻出金錢，以保衛自己的家園、自由以及政府。他們這樣做，是因為世代相傳的經驗告訴他們，沒有國防就無法維持穩定的社會。在一些不容易遭入侵的國家，民眾更願意建立一支職業化的軍隊來保衛國家安全，人們對於由自己去投入參與國防事務並不感興趣，因為他們認為發生戰爭的可能性很小。他們完全依靠職業軍人來保衛國家。一旦這類國家遭遇戰爭，國家所承受的損失將更大，包括巨大的人員傷亡、巨額的財政支出等等。這是因為，常備軍很保守，他們總是期望現有制度保持不變，他們仇視任何改變和進步。

這些人害怕改變，害怕取消現有架構和制度的任何部分，除非民眾和立法機關定期檢查和監督保衛國家安全的職業軍隊、增加其經費，否則其結果總是保守過時和無用的防衛準則，形成不正確的軍事上的認知。國與國之間的競爭，除了直接武裝衝突之外，還包括其他許多東西。這類競爭通常是以商業競爭為起點，以不同方式競賽，包括依靠交通運輸工具、財富和外交才能。

武裝部隊不過是其他所有手段都失敗之後的最後一招，一個國家擁有武裝部隊，可以視為該國嚇阻性心理的直接而明顯的表徵。我們要精心思考採用何種方式建立軍隊、分配軍事力量，才得以加強國力的政策。

過去十年，國家內部組織和各國之間的關係發生了巨大的變化。民眾對政策的影響力逐漸增大，這不同於過去全由統治階級和貴族階層決定的時代。這種變化主要有兩種因素造成：

第一，普及的國民教育令廣大民眾能夠讀書寫字，並互相交流意見，這將促使民眾關心國家政策；第二，通信的發展，令世界交流更為方便，個人能更廣泛地與知識份子交流。

老式的秘密外交已經難以維持了，因為一切的戰爭準備在民眾的眼下都將無所遁形。

國家之間的相互了解程度空前透徹，水路交通的發展，使民眾之間的了解更為深切；提供環球旅行的設備，不僅加深國家之間的商業來往，也將東西半球之間的旅行更簡單化。現在，沒有一個地方是我們無法到達的。

過去十年，航空運輸的出現，給各國之間的互動關係，增添了新的決定性因素。與老式的交通工具、輪船和鐵路不同，新的交通工具從空中沿著從一個地方到另一個地方最直接、最近的路線前進。例如，從紐約到北京，海路和陸路的路線是先越過美國大陸到達太平洋海岸，經夏威夷群島、日本和亞洲沿岸地區再到北京，按此路線乘火車和輪船旅行需花大約要四至五周時間。現在，我們乘飛機直接跨過北極，然後就到北京，只需六十至八十個小時。飛機可以從北美到南美，跨越南極洲到澳洲和非洲，分別使從紐約到澳洲的時間縮短到一〇〇個小時，紐約到非洲的旅行時間縮短到一三〇至一四〇個小時。

寒冷反而對空中運輸大有幫助，凍結的湖面和覆蓋雪的地面易於飛機降落，寒冷導致水汽難以在空中凝結，因而避免了霧、雲的形成。

安全舒適的飛機成為建立國際關係的一種新工具，目前這一點主要表現在軍事方面。不久，其經濟方面的作用將會更加顯著。

任何國家只有在其他調解手段都失效後，才會動用武力將自己的意志強加於敵人，空中力量將作為它首要的懲罰手段。空中力量已經從國境線內延伸到國境線外，它與過去的海岸線、河流、山脈構成的國境線不同，那是以陸軍和海軍的觀點為主的視角。現在，空軍可以攻擊任何有爭端的地區，不管它是在海邊還是在任何國家的腹地。僅僅是空軍就能在國家訴諸武力前，讓對方做長時間和仔細的情勢分析。

沒有一個國家，願意放棄它的國防，也沒有任何一個國家願意放棄通過民間、商業、軍事的手段來維持國家制度和文明。隨著現代海上艦船活動範圍的擴大，在外國海岸維持基地已經不如一個世紀前那麼重要了。現在商船加一次油，就能繞地球航行一周，裝載有燃油的輪船，能滿載航行二萬五千英里，而每艘輪船使用少得難以置信的人員就可以操作。一艘一萬五千噸的輪船總共只需二十五名船員，那些遠離本土的、重兵把守的海軍基地，不再像過去那樣具有重要的戰略意義。這些基地，常常會有一種刺激作用，使那些認為會威脅它的國家害怕。因此，一些國家有可能願意就完全為渡海進攻作戰而遠離自己國土的軍事設施——尤其是那些很少或沒有戰略價值的軍事設施進行對話。有許多被某些國家佔有、為渡海進攻做準備用的基地和設施已很少或已經沒有實際價值，變得過時和無用。保持這些設施，需要過度地徵稅和大量的人員，以及除戰爭之外別無用處的軍事人員。

強國是不會放棄空軍、陸軍、潛艦部隊的，除非它們找到了某些手段，而這些手段至今未能實驗成功。

海軍，尤其是戰鬥艦和其他水面艦艇的重要性正在消失當中，它們只能用於渡海遠征，作戰價值越來越小，成了國防計畫中開銷中最大的武器裝備。

海軍為永久地保持現有制度，盡力阻止削弱戰鬥艦重要性的任何變化，故意輕視和貶低潛艦和空中力量的能力。他們竭力鼓吹水面艦的作用，阻止任何公開和自由討論海軍用途的言論。輿論對民眾的影響很大，因為民眾是國防計畫的決定者，他們通過立法機構表達自己的意見，這需要我們毫無保留地為他們提供實情。

到目前為止，陸軍和海軍的作戰範圍已經相當明確，他們可以組織和執行戰爭計畫。如果空中力量無法在行政架構中擁有與陸軍、海軍同等的發言權，它就無法為自己發聲，就無法發揮與自己威力相當的影響。

為此，不同國家都進行了相應的改變，成立了與陸軍、海軍平等的機構，並準備將國防力量交由一個單一的指揮單位來領導，讓它掌握國家所有軍備的責任。它將根據各軍種的特點，分配相應的防衛任務，防止單一軍種毫無節制地擴充，或者通過誇大宣傳誤導民眾，以強化其地位。

有三種有關軍備限制的方法：

一、分清哪些是在國防軍備中無用和可以取消的武器；

二、弄清哪些是保衛國家所需的純防禦性而不必對海外目標進行攻擊的武器；

三、找出一個最適合、平衡的架構，陸海空軍均有代表，從而制定一個合理的、嚴謹的國防規劃和國防經費的安排。

空中力量對陸軍的影響不如它對海軍的影響，陸軍仍和過去一樣，仍以保衛國家的穩定，抵抗入侵的別國軍隊為己任。在美國，因為情況特殊，如果我們擁有了足夠的空軍，就將很難看到陸軍抵抗他國的陸軍，因為敵國對我國的入侵，必須經過空中和海上，而我們擁有的強大空軍，將有效地阻止敵國陸軍的入侵。

陸軍既不能對抗空中的空軍，又無法對付海上的海軍，但他們必須保衛空軍和海軍進行作戰的基地。

大多數國家的民眾，尤其是那些發生戰爭可能性很小的國家民眾，都忙於維持生計，很少花時間去了解自己國家的國防事務。他們將國防事務交給陸軍和海軍這種職業團體去處理，很少去了解它們如何規劃國防，只是要求它們不要花太多錢或違背民眾的意願即可。這種漠不關心的態度，持續時間久了，總會導致陸軍和海軍裹足不前，如現代化裝備發展遲緩，遲遲不採用最新技術，忽視改善教育條件，對啟迪民眾毫不關心等等。民眾總是期望不採取戰爭手段去解決國際爭端。這種心態，容易滋生出一批官僚，而不是全心全意服務國家的公僕。

我認為，限制軍備的第一步就是全面取消水面的戰鬥艦、航空母艦、海軍基地和造船廠，以及許多耗資甚鉅卻毫無用處的海岸防務。為此，需要廣泛地、公開地討論，並說明清楚。一九二一年，我們召開了軍備限制會議，證明飛機能擊毀戰鬥艦和其他水面艦艇，從這以後，空中力量已經有了明顯的進步，它的影響正逐漸增強，我們完全有理由期待軍備限制在接下來將採取的下一步措施。

未來，我們將建立一個永久性的國際委員會，任何關於軍備限制的提議，一經該委員會討論通過，將直接傳達願意為各方利益而對軍備限制感興趣的各國。各國沒有徹底遵循該組織和其意見的義務，它的目的在於向民眾解釋國防計畫的確切價值，以及財政支出在國際爭端中的相對影響。然後，民眾就能決定國家防備軍力該如何配置。

自古以來，各國都在極力避免戰爭，用公約和慣例來解決爭端，當發生嚴重爭端時，交由國際法庭仲裁。這種方法，已經有了良好的基礎，隨著民眾教育程度的提高，一些國家更加傾向於以和平的方式解決爭端。現在，龐大的軍備已經成為國際爭端和摩擦的根源，從現階段來看，各國都願意討論軍備限制計畫。

為了達成軍備限制，各強國之間需要一個確切的、誠實的協議。制定裁軍協議的方法必須公開，參加協議的各國都要嚴格按照協議互相查核，避免不遵守協議的情況。這種軍備限制無損一個國家的獨立。軍備限制必須具有實際的利益，能使全體民眾透徹了解，否則一切預防措施都將失敗，而破壞協議可能將導致更大規模的軍備競賽。

第七章

快速了解當代航空學

A Glance at Modern Aeronautics

如果你不能控制天空，就無法作戰，你的地面部隊就無法抗擊擁有絕對制空權的敵人。

我們這些選擇投入航空發展的人們，天生就熱愛飛行。我們都明白，文明、交通、國防和所有事業的發展，都要依靠運輸。運輸不僅是陸地的問題，也不僅是海上、山脈和沙漠的問題，還是空氣的問題，因為大氣包圍著地球。

我們現在已經可以爬升到四千四百英尺的高空，而且我們還將爬得更高。空中的運行路線是沒有限制的，唯一的阻礙是載油量和發動機的性能。關於這兩個問題，現在飛機的載油量正在與日俱增，發動機發生故障的機率越來越小。我可以肯定地說，加一次油，飛機能環球飛行。

眾所周知，航空學是新近產生的科學。我們都知道，發動機的發展，令我們能征服天空，現在我們使用的是具有氣缸、連杆、曲軸、凸輪軸以及多種齒輪結構的汽油發動機；未來，我們將擁有更好的動力裝置，它更輕、更可靠，會進一步增強我們在空中活動的能力。

自萊特兄弟第一次成功飛行之後，戰爭為航空迅速發展提供了機會。在戰爭中，飛機成為唯一的空中運輸手段，它能夠運載觀察員，也能運載機關槍或者炸彈，所以，它很快就佔據了重要的軍事地位。

飛機一開始是被用作運載觀察員，他再將敵人活動的情報傳回。之後，飛行用於空中掃射。最後，它被用來投擲炸彈。在戰爭期間，一個原則被確立了下來，即如果你不能控制天空，就無法作戰，你的地面部隊就無法抗擊擁有絕對制空權的敵人。事實上，如果一方在臨近戰爭前失去了航空力量，對方軍隊一定能在短短數周內贏得戰爭，這是毋庸置疑的。

自航空部隊問世以來，地面部隊的行動就能被敵方飛機偵察到，地面部隊就無法在白天活動。沒有空軍配合的攻擊行動，是無法順利達成的。

在歐洲的世界大戰是一場由地面力量決定勝負的戰爭。與地面作戰有關的很多物資都要靠海上運輸，但最後的決戰是在陸上進行的。英國控制著海洋，即使它遭到德國潛艦的攻擊，也損失了不少，但是它的海上霸權地位從未被動搖。在這次戰爭中，空軍開始了一連串的發展，他們得以在陸上和距離作戰基地不遠的地方作戰。那時，飛機平均距離機場大約六十英里，空軍的裝備、訓練和使用方法都是按照這種情況來考量的。

經過不斷發展，空軍已經能在水面上作戰。這時期，我們應用「水錘」原理作戰，即利用水本身的動能作為衝擊，這很快就達到了爆破彈的最大效力。如果我們將五〇〇磅TNT炸藥投射到街道上，能造成某種程度的破壞，在此基礎上再增加炸藥量，破壞程度不會有太大的差別。但是如果我們將炸藥投入水中，就能獲得完全不一樣的效果，所獲得的爆炸效果可能是一般爆炸效果的三倍。也就是說，這種巨大爆炸力能將船隻炸沈。

空中力量在海上和陸地上都能發揮功效，但它在控制水域方面的優點更強於控制陸地。

世界大戰以來，美國從為國家運輸和經濟發展的目的為出發點，來發展軍事裝備。一九二三年二月，筆者與指揮官克利斯蒂從底特律飛往加拿大的博登營，再從博登營騎馬和乘雪橇前往火車站，後一段路程僅僅八公里，但這八公里所用的時間，與我們從底特律乘飛機飛行二〇〇英里到達博登營一樣長。

曾經，一匹馬在山間小道只能載運一千磅的物資，最多日行二十英里，現在有了空運，我們可以毫不費力地運載一千磅貨物日行四〇〇英里，甚至能達到一千英里。不考慮費用的話，我可以上午在華盛頓吃早飯，到代頓吃午飯，同天晚上在芝加哥、底特律或密爾瓦基吃晚餐。這沒什麼稀罕的。養一匹馬一天需要一至兩美元，而一名旅客乘坐那些退役的飛機只需花六十美分，我與克利斯蒂從底特律飛到博登營的費用，約合每英里一美元二十美分。我們乘坐的飛機是軍用飛機，馬力很大，我和克利斯蒂可能只占了三、四十匹馬力。在空中，用一〇〇匹馬力能運載超過一匹馬在地面拉走的東西，而每天運行的距離大約是馬的三十倍。

如果求快，那麼飛行是貨運的首要選擇。可能你還在猶豫，因為你聽說發生過某些飛行事故。即使在軍事航空中，事故也常常發生，因為軍事航空需要的是高速度和大運載能力。為了執行任務，我們需要不分晝夜地在任何天氣條件下飛行，在任何不適合的地方降落。這是軍事航空的通用原則。

商業航空就不一樣了，我們能建立安全的空中航線，成立氣象機構預報天氣情況，建設好臨時機場，運營記錄、貨運量、準點率、客流量，都比火車可觀，這一切都有統計資料為證。

航空用於民事，有多種用途。例如，國土測繪。美國曾花了巨大資金進行了多年時間的測量，最後也只完成了國土百分之四十的面積。現在，我們可以使用二〇〇架裝有特殊裝備的飛機，把每個點聯結起來就可以測量整個全國的面積，這種方法比其他方法更精確，而費用只需其十分之一或五分之一，所需要的時間不超過兩年。

一九一九年，我們派遣了一個飛行中隊執行巡邏工作，這支中隊由十五架飛機組成。農業部稱，僅在一九一九年夏天，我們為其節約的經費超過了政府當年在航空發展上的投入。之後，航空被更廣泛地應用於森林巡邏。

我們還曾為農業部進行了一些土壤測量工作，根據航拍相片中土壤呈現的顏色和一年之內不同時期植物的特性，就可得知需要什麼肥料，最好種植什麼作物。利用航空，我們還能清查作物的生長情況，以及排水系統、供水、蟲害區域和許多其他影響農業的情況。這種觀測，將成為農場競賽的刺激因素。

我國蟲災頻繁，果樹林尤其嚴重。為此，我們可以從空中噴灑農藥，消滅害蟲。

現在，我們正在研究空中貨物運輸的問題，我們舉行了郵件運輸和投遞的會議。四年前，我們開闢了紐約至舊金山的航線，我們花了二十四小時，就完成了從美國東海岸到西海岸之間的航行。之後，我們開始進行機場建設工作，還建立了空中交通管制體系。

起初，我們只在白天使用飛機，後來一部分公路裝上了路燈以供飛機夜間飛行，現在全部航線都有了照明設備，飛機很快就能以準確的時刻表飛行。午夜，郵件從紐約出發，早上五點就可以到達芝加哥，之後再飛往夏延，最後到達舊金山。

目前，我們很少在氣溫極低的地區飛行，不過這些困難肯定是可以克服的。穿越阿拉斯加和加拿大都已經取得了很大的進展。我們已經成功地在氣溫華氏負六十度的條件下飛行了。

最大的問題其實是風暴和霧。通過實際操作，我們也已經了解到不少有關大氣的新知識。飛機能不能克服這些障礙，關鍵在於有無氣象預報機構和飛機是否裝備良好的導航儀錶。另外，為了克服這種障礙，我們需要良好的無線電系統。沒有無線電系統就不能完成任務。

在歐洲，強國成立空軍的目的在於，它能在戰時立即投入戰鬥。歐洲國與國之間邊境線毫無屏障，這對發展空中交通非常有利。空中力量需要有良好的空中航線，為了開闢此後的空中航線，各國都為航空公司提供津貼，有的國家津貼甚至高達該公司航線建設費用的一半。這種航線，無論是戰時還是平時，都能使用。戰時，商業航空能為空軍提供熟練的飛行員和機場。商業競爭將促進航空科學的發展，這要比政府主持的研究計畫快得多。因為這些原因，歐洲國家正竭盡全力鼓勵建立民事航空和商業航空。

航線津貼的原則有以下兩種。

第一，如果某公司要開設一條A地至B地的航線，並能提供符合政府要求的裝備，而這些裝備在國家緊急情況時可以轉作軍用，政府則將承擔一半購置裝備的費用。

第二，如果飛機用於商業交通，政府按該公司雇用的飛行員數量、機務人員數量、載客量、貨運量和運行速度給予一定的津貼。公司必須有百分之五的淨利，如果公司實際盈利超過百分之五，政府從津貼中扣除超過的數額。

我們對飛機的要求為，一方面，它能在戰爭爆發時就立即投入作戰。如果在歐洲開戰，則應該在兩周內集結地面部隊於前線各地。需要動用火車、汽車運送軍隊到達作戰地區，然後展開作戰。另一方面，飛機可立即進攻。下一次戰爭，飛機的活動範圍將會擴大，它不用被侷限在六十英里內盤旋，它可以遠離基地作戰。

歐洲的空軍和民間航空關係很緊密，他們能採取各種辦法將民事空中力量立刻轉化為進攻力量。

就連在北極也能建立航線，除了林場外，飛機可以在任何地方降落，水道、湖面和幾乎每個地方都有可用的著陸場。

許多年前，我到達阿拉斯加，在上育空架設電報線。[21]當時人們普遍認為，這項工作應該只能在夏天進行，因為冬天太冷了。結果，我在夏天完成的進度很少，馱著各種設備的牲口陷入及膝深的沼澤。到了冬天，冰雪覆蓋，牲口運輸設備就快多了。於是我們改成在冬天工作，最後成功地完成任務。

21 譯註：在加拿大西北角，與阿拉斯加接壤。上育空即育空的北部地方，已深入北極圈內。

我相信，北方冬季更適合運輸。目前，汽油發動機只能在溫暖條件下運作，但我認為，我們將來一定能解決這個難題，我們一定能使它適合在寒冷氣候下使用。

從白令海峽到亞洲，只有短短五十二英里，在北美洲與亞洲之間的公海，冬天正好結冰。我們也能取道格陵蘭前往歐洲。航空為地理知識的發展提供十分重要的幫助。飛機比其他交通工具更便利，因為它能通過空中直線到達目的地。關鍵在於完善的協調——一、兩架飛機就能了事的想法是行不通的——我們需要事先建立好航線、通暢的無線電通信程序、可供作迫降的機場。事實上，我們已經沿著這個方向去做了，在冬季，我們出動飛行中隊在雪地裡建立機場並通過空運進行補給。一架運輸機可以運輸一點五噸重的貨物，從基地到距離二五〇英里外的作戰部隊間來回飛行，這只需要一天時間。如果活動範圍更大，飛機的效率還會提高。

我要再說說飛船。事實上，只有一個國家深入研究過它。一七九二年，法國的一隻氣球隨著革命軍進入比利時。拿破崙在埃及也曾使用過氣球。美國南北戰爭時期，氣球也被用於作戰。在歐洲世界大戰之前，德國已經利用飛船安全地運送了將近二十萬旅客。統計資料顯示，一架大型飛船能滿載貨物飛行五〇〇多英里，每英里的費用僅為三點五美分。

每當討論飛船的實用性時，總是要討論到終點站的費用問題。紐約中央火車站連同其他設備費用約二億美元；芝加哥湖濱站及其設備費用為六千萬美元；華盛頓的火車站及其設備費用為三千萬美元。與這些火車站相比，一個飛船站的費用少多了。利用飛船運輸時，沒有軌道保養和其他與鐵路相關的花費。建造一個能容納五艘飛船使用的航空站，大約需要五〇〇萬美元，五架飛船在紐約和芝加哥之間往返運行，運載人數與現在全部鐵路快車的運載量可以相比擬。

英國人在飛船研發方面已經有很大的進步，可以使飛機在飛船上起飛降落，雖然他們從未有效地降落過，但他們已經完成了所有降落相關的實驗。因為缺少經費，他們不得不中止研發。我們如果沿著他們的腳步繼續前進，肯定能順利地在飛船上降落飛機。

氦氣研究進度令人滿意，通過使用氦氣，一種更為有效、安全的運輸工具誕生了。

現在，我們擁有兩種發展得相當成熟的航空交通工具。一種是飛機，另一種是輕於空氣的飛船或其他航空器。飛機依靠本身的動力，發動機功率越大、體積越小，飛機的速度越快。飛船需要一種輕於空氣的介質。目前，這兩種航空器都未達到最佳的狀態，都還需要持續研發。

至於第三種空中運輸工具，就是我們所說的直升機，它完全依靠機械工具上升並能自己垂直上升和降落。我們已經經過了多年實驗，解決了不少疑難問題。一種實用的直升機已經出現了，它可以垂直起飛，從一地飛往另一地。直升機與飛機不同，飛機需要一個相當大的著陸場，而直升機只需要很小一塊區域就能著陸。無論從軍事角度還是商業觀點上來看，直升機都大有可為。

最近還出現了一種滑翔機。它依靠上升氣流來升高。我們正在研究上升氣流方面的問題，以加深我們對大氣的認識，並期待能造出更好的機翼。我們鼓勵發展滑翔機，這對飛行員是一項很好的訓練，花費不多但能對航空發展做出重大貢獻。

我的核心問題是，一個國家必須擁有一支能夠用於國防目的的軍事航空力量。一個沒有空軍的國家與一個擁有強大空軍的國家對抗是毫無希望的。原本商業航空已經發展到乘飛機旅行的費用是乘火車或輪船的兩倍。但在世界大戰發生以後，航空費用減少了三分之二。

在一些地方採取空中運輸將會更划算。可以算算，從北冰洋的馬更些河口（Mackenzie River）運輸某種貨物到有火車站的地方需要花費多少錢？途中損失多少？因運輸速度慢，使得貨物滯留一定時期的資金利息又是多少？例如，運輸價值昂貴的皮毛，空運將比現有的運輸工具可靠得多。

籌辦商業航空之前，需要做好調查，以明確接下來需要完成哪些準備工作。程序應該是先找貨源，再找飛機。在你沒有貨物可運的時候，就想著在沙漠中建一條鐵路是不是很愚蠢？這個道理看似簡單，但過去有很多人都是這樣做的。這也是商業航空為什麼難以成功的原因之一。

我大聲疾呼，政府需要做調查，然後明確地告知民眾，什麼東西更適合航空運輸。例如，有些郵購商店不得不利用汽車、火車、輪船把東西送到顧客手中，用飛機運送可能會更經濟實惠。

懂得經營的人仔細研究以後，航空運輸就能夠大展拳腳。事實上，空中運輸發展比現有的任何運輸工具都快。數年之內，我們可以期望看到從美國經北極到歐洲、亞洲的航線，以及經南美洲和南極大陸到澳洲與非洲的航線。

第八章

訓練空軍所需的官兵

The Making of an Air Force Personnel

盲從他國，只會導致災難，因為每個國家所需要解決的問題是不一樣的。

人和飛機必須很好地結合，作為一個整體，才能構成空中力量。選拔和訓練飛行員以及地勤人員是非常重要的問題。之後才是獲得和分配飛機和空中所需的裝備。

沒有這些人員，既不能建立航空部隊，也不能設計或生產適用於飛行的器材。如果讓一個沒有任何經驗的人擔任主管的工作，他將對購買哪一類飛機、哪些器材一籌莫展。

起初，各國都把航空人員交由對航空了解甚少的人指揮，只是因為他們的官階很高。這些人總是企圖掩飾自己對航空的無知，而他們的周圍則是一群比他們好不了多少的顧問。這些人只能嚴密地控制部下，其後果為：把沒有價值的甚至是危險的飛機塞給飛行員。訓練制度不完善，沒有空軍預備役軍官制度，對未來戰爭的情況缺乏正確的評估。空中力量的發展取決於專業化的航空人員，只有他們履行職責，才能打造一支真正的飛行團隊。

空軍的天職在空中，而不在地面。沒有經驗或對空軍不熟悉的人，是不可能知道空中力量應該是什麼樣子的，也不可能知道如何訓練執行空中任務所需的人，或為飛行員設計出合適的裝備。

阻礙空軍發展的最大問題，是空軍被置於陸軍和海軍的管轄之下，在空軍的初始階段，一些沒有任何飛行經驗的陸、海軍官，被安排擔任空軍高階主管的位置。這相當於把飛行員當作空中的計程車司機，可是飛行員是世界上前所未有、最有組織的戰鬥人員。

飛機是運輸工具，更是戰鬥單位。空軍與敵方空軍戰鬥，必須使用自己的戰術，其戰鬥心理建立在個人行動之上，他得不到支援，也得不到指示，更沒有來自地面的導引。空軍的作戰體系與地面部隊不同，地面部隊是用集體心理指揮人員戰鬥的。

那些抱持傳統觀念的軍官，為了掩飾自己對航空事務的無知，總是背離事實地以行政手段指揮空軍，而行政命令不過是用來督導日常勤務才用得上，對於實際作戰毫無用處。最好的行政管理人員，應該是具有長期服役經驗的老士官或文職人員，他們可以很輕易地找到，甚至可以從民間雇用。航空人員的要求不一樣，它要求適合飛行的個人，有自信心，能克服任何障礙，並精通專業。

雖然人們常說飛行是年輕人的職業，但對於一個將航空作為一生志業的人來說就不一樣了。即使在地面部隊裡，將軍也不用背著行囊像二十幾歲那樣徒步行軍吧。

在陸軍中，想要成為將軍，必須通過各種歷練，還要熟悉本軍種的各種業務。空軍軍官的升遷也該如此，從飛行員做起，先學會駕駛飛機，隨著階級和經驗的增長指揮較大數目的飛機，最後統領空軍的各個部門，包括維修大隊。

空軍上層軍官所需要的成長時間比陸軍或海軍還要久。每個青年多少會有一些關於陸軍或海軍相關知識的接觸，那怕只是在小學期間，他們也會有一點點例如步操，又或者是某種形式上的軍事式的訓練。不管是從父母還是學校那裡，他們或多或少知道陸戰或海戰的經過。空軍不一樣，初步了解航空問題的第一批人才剛剛獲得飛行的經驗，而且我們還沒有關於空戰和空軍的歷史記錄。

地面部隊總是忙於工作，但是他們實際上對在敵人或我們自己戰線後面很遠距離上發生的重大空中作戰行動一無所知。空軍的活動空間大得難以想像，飛行員可以在一日之內飛到一千到兩千英里外，以致於整個國土都變成了前線，使其形成了一個面狀的戰線。飛機在空中的速度很快，是步兵行進速度的一百倍。空軍在三度空間戰鬥，可以從下向上和從上向下達到同一高度。管理空軍各兵科是最複雜和困難的事情，僅是技術部門就要比海陸軍複雜得多。維修人員必須通曉多達七十五種不同的專業知識才能進行飛機維修，使其保持可出勤的狀態。

空戰對飛行員精神素質的要求達到高點。飛行員單獨作戰，沒有支援，他們明白任何一顆子彈穿過油箱，飛機就可能變成一個火球；一個機翼斷裂，飛機就將墜毀。他們深知，有無數的意外可能發生，而這將意味著失去生命。在地面受了傷或許還有救，但是在空中就不行了。飛行員需要心無旁騖地攻擊，一心摧毀敵機。所以，不仔細選拔飛行員是不行的。

空軍有三大兵科：驅逐（Pursuit）、轟炸（Bombardment）、地面攻擊（Attack）。接下來我要詳細介紹這三大兵科。[22]

驅逐機部隊配備單座飛機，每機只載有一名飛行員。驅逐機專門為追逐敵人而設計，迫使敵機進行戰鬥並將其摧毀。驅逐機部隊的要求是

22 譯註：「驅逐機中隊」現在已經改為「戰鬥機中隊」，使用的是戰鬥機，主要任務是空對空作戰，或者是取得制空權為主。

富有勇敢精神、足智多謀、冷靜沈著和體力充沛。

控制天空要靠驅逐機部隊，它是空軍的主要作戰部隊。驅逐機部隊的主要任務是，迎擊敵方驅逐機部隊並將其殲滅，從而取得制空權。它相當於陸軍的步兵。我方的驅逐機必須消滅敵方的同類型飛機，否則空軍的其他行動都將失敗。

轟炸機部隊投下彈藥或投放化學武器以打擊或摧毀地面目標，他們所使用的是世界上前所未有、威力最強大的武器。轟炸機部隊投射的炸彈現在已重達四千磅甚至更多。根據需要，我們還能造出更大的炸彈。如果空軍能吊掛配備於魚雷艇上的那種魚雷，效果肯定要比從船上發射好得多。滑翔炸彈能從遠距離擊中目標，也就是說，轟炸機能發射帶翼的能滑翔的炸彈。這種炸彈的航向由陀螺儀控制操縱舵面，因而能飛向需要方向。也可以由無線電控制並落於需要的地方。人們也可以使用航空魚雷。航空魚雷實際上就是一架有發動機的小飛機，沒有駕駛員，以陀螺儀控制航向，由發射它的飛機導引。

未來，可以由一架飛機用無線電控制數架無人飛機對城市轟炸。和平時期，我們的實驗方法是將自動操縱系統裝在一架有人駕駛的飛機上，一旦發生任何問題，由飛行員來操縱飛機，以免損壞飛機。飛機上裝有照相機，由投彈按鈕控制快門，相片可以將炸彈命中點標示出來。

飛機無需飛越目標上空就可以轟炸。它可以對數英里外的一個城市造成巨大破壞，迫使居民疏散。它也可以使用各種可怕的化學炸彈，這將造成巨大恐慌。

歐洲世界大戰以來，空軍已經有了非凡的進步，我們的瞄準設備非常先進，飛機已經可以從任何高度準確地進行大規模投彈。

曾經我們不得不低空飛行，因接近目標進行轟炸而損失巨大，這反而給敵方的驅逐機提供了一個有利的攻擊機會。當時，驅逐機要保護轟炸機，當他們投入作戰時，必須駕駛大型轟炸機去對付敵方的驅逐機。驅逐機速度快，而轟炸機無法像驅逐機那樣快速機動，它們只能盡力靠攏，依靠機槍或機關砲的火力保護自己。於是，敵方就形成了這種戰術——用兩隊驅逐機，一隊吸引我方驅逐機離開轟炸機，另一隊直接攻擊我方的轟炸機。

在聖米耶戰役中，我們的指揮單位統轄了一個從來未有過、最大規模的飛行部隊，我們打算使用全部航空部隊轟炸德國後方的集結區，以阻止他們前進和獲得補給，迫使其驅逐機轉為防守狀態，放棄對我方地面部隊的攻擊。一九一八年九月十四日，美國的一個轟炸機中隊，因為天氣多雲，能見度不高，未能如期與派遣去掩護它的驅逐機會合，只能繼續按照計畫進行轟炸。

這個中隊共有十八架飛機，其中十五架雙座機，三架三座機。這三架三座機，每架飛機上裝有六挺機槍，是當時歐洲前線火力最強的飛機，但無法像單座機那樣迅速機動，它需要以強大的火力擊退敵人的驅逐機，並保護雙座機集中注意力完成投彈。

該中隊採用大雁V字隊形，三架大型三座機分別位於兩翼和編隊後方，當它們飛向目標時，遇到了十二架德國驅逐機組成的巡邏隊，德國巡邏隊機編成「一」字隊形，一架三座機被其擊中墜毀。德軍地面高射砲攻擊我方先頭部隊，而德國驅逐機攻擊我方後隊。高砲雖然無法擊中我們的飛機，但卻能為其驅逐機指明我方轟炸機的位置。此時，我們還得知，一批德國戰機正從聖米耶附近的機場升空。當我方投彈完畢返回我方戰線時，又遇到了兩個敵方中隊。現在我方從三度空間遭到敵機攻擊：從下方、上方和同一水平面攻擊。

這次戰鬥前所未見，四處飛散的巨型轟炸機像一群被老鷹攻擊的鵝一樣，敵驅逐機從各個方向它們俯衝、射擊，然後躲避大飛機的火力掃射，再重新佔據攻擊位置，繼續俯衝、射擊。有的飛機被擊中，變成一團火焰，有的飛行員當場犧牲。我們的巨型飛機也難逃厄運，一架巨型飛機的發動機被擊中，又被德國飛機圍攻，剎那間就被擊成了碎片。

隨著時間的流逝，戰鬥變得越來越可怕，越來越多的德國飛機加入戰鬥，沒有驅逐機掩護的轟炸機，成為德國驅逐機的靶子。十三號機、二號機、九號機、四號機被徹底擊毀，飛行員和觀察員都犧牲了。殘存的幾架飛機竭力返回了我方戰線。十八架飛機僅生還五架，其中大部分機組人員負傷，飛機傷痕累累。

此次戰鬥為我們提供了一個航空人員勇於犧牲的範例，也為我們提供了教訓。例如，飛行員沒有配發降落傘，也沒有能呼叫附近的夥伴來援助的無線電，這些東西在當時還未發明。今天，我們終於有了降落傘和無線電。

我花費這麼長的篇幅來講述這次戰鬥，目的是說明空戰人員所需的寶貴品質。在激烈的戰役中，這樣的戰鬥可能每天都會上演，如果能奪取制空權，那將是多麼驚人的成就啊！這種成就與地面和海面上發生的情況大不相同，它是可以累積的。

地面攻擊，就是專門接近地面，擊毀鐵路上的火車、汽車，海上或運河上的艦船、船團等。地面攻擊從二、三百英尺的高度發起攻擊，並利用地形進行掩護。

飛行員的訓練是一個長期的過程，而我們的飛行員損失又很大，這就需要經常補充新的飛行員。我們的飛行員很少負傷，大多是直接陣亡。在地面，人員死傷的比例大約是一比十，傷者康復後，還有機會重返部隊，但我們的飛行人員卻再也沒有機會重返戰場了。

在歐洲世界大戰的激烈空戰中，一個前線作戰的中隊通常一個月就要輪換一次，也就是說，有時候死、傷、失蹤的機率是蠻高的。

美國是優良飛行員的搖籃。首先，我們有大量天生的飛行員好手，他們大多是學校裡的運動健將，熱愛美式足球、棒球等運動，具有健康的體魄。體育訓練使這些青年有團體和合作的精神，會主動支援同伴。只有少數國家能培養出這樣的人才。實際上，大約只有五個國家能夠培養出適合空中戰鬥的人員，承受得住空中作戰的損失。

一個國家的飛行軍官團，如果經不起嚴重的傷亡，那就永遠不能形成一支空軍部隊，這無關飛行員們平時做得多好，又或者比敵人高明多少。

選拔飛行員需要非常仔細，進行嚴格的體檢，了解身體是否健康。另外，還需要測試待選人員的平衡感。最後，飛行員還需要良好的素質。身體健康的陸軍人員，只有百分之二十五適合當飛行員。一九二三年西點軍校畢業生中，只有百分之二十七的人適合進入航空部隊，要知道這些畢業生進入西點軍校時，都是通過非常嚴格的挑選的。

通過選拔的青年，需要進入航空學校接受飛行和機械方面的專長訓練。他們首先要學習飛機的構成，飛機的操作原理，飛機的發動機和操縱系統。教官將帶著他們每天在空中做體驗飛行、轉彎，學習如何單飛和如何防止失速。失速意味著飛機沒有足夠的速度來支援它的飛行，這是在空中能發生的最危險的事。我們都知道，飛行需要維持一定的速度才能在空中飛行，如果不能，飛機將下墜。這是對飛行員最大的考驗，他必須在感覺失速來臨的一剎那，及時向下推機頭以供給飛機足夠的速度。

其次，他們需要學習用低速度接近地面並著陸。這要求在距地面一定高度拉平飛機，使全部剩餘速度在接觸地面之前消失。所謂拉平，即在正確的高度上把飛機拉成平飛，這也是青年飛行軍官學習過程中的其中一個困難點。

再其次，學習起飛。起飛要求機頭稍低，以獲得充足的速度，然後慢慢爬高。

關於這些訓練，二、三百英尺是一個非常關鍵的高度，在這個高度上只要稍微出錯，就將造成無法彌補的後果，甚至死亡。在這種高度犯錯是沒有辦法糾正的，若在此高度上飛機失速，就無法推機頭加速恢復正常飛行。在較高的高度上失速時，有經驗的飛行員是可以安全地讓飛機下降，獲得速度後再重新恢復正常飛行。

飛行員單飛之前，往往需要接受三至四個月的訓練。第一次單飛是飛行員職業生涯中的一件大事，就是脫離了教官的指導後，他將完全獨立地操縱飛機。這是一種全新的體驗，他將駕駛著飛機在陌生的環境中飛行，真是激動人心！然後，他將進行越野飛行，使用地圖並在陌生的地方降落。這需要飛行員熟悉各種著陸和起飛的方法，他所面對的不僅是平坦的機場，有可能是森林、灌木叢、亂石密佈的山坡、鬆軟的沙灘、甚至沼澤。

他們還需要知道如何飛過雨區和暴風雪區，懂得如何在雲層中保持航向，如何在夜間飛行。當他完成初級飛行訓練後，他的成績將是下一階段的參考——成為哪一種專長的空軍。

然後，他們將轉入驅逐機學校、轟炸機學校或攻擊學校。在這些學校中，他們將完成相關的專長訓練。這包括，學習今後將使用的裝備的詳細情況，如何熟練地使用武器，如何編隊飛行，掌握飛機維修的機械設備，在空中戰鬥時如何應對地面攻擊或對地面攻擊。經過約一年時間的訓練，這些飛行員就可以編入現役戰鬥序列，執行作戰任務。不過，想要更精通飛行，他們還需要一年的時間，而很多飛行員永遠無法達到這個水準。

我認為，一名合格的飛行軍官至少需要兩年的訓練時間。教官可以在三個月內教會一個人在空中勉強保持平衡飛行，如果這個學生夠聰明，再過幾個月他就能掌握兵科專長，但想要他精通飛行的所有訣竅，能在任何惡劣的環境下飛行，至少需要兩年的時間。

依照過去戰爭原則所訓練出來的飛行員，想要與現在的飛行專家對抗，簡直就是在自尋死路。如果他駕駛著驅逐機，忽左忽右、轉彎、爬高、俯衝，都可能會被飛行老將抓住機會，一個訓練不足的飛行員與一個精通飛行的專家戰鬥，是沒有任何勝算的。

並非只有飛行員需要高度專業化訓練，我們的地勤維修人員也需要同等嚴格的訓練。因為地勤維修人員在確保飛機在空中正常飛行方面和飛行人員同樣重要。地勤維修人員是飛機、發動機機務的專業人員，他們所從事的工作包括：飛機的機械，槍砲等軍械，以及無線電、照相設備、高空用的氧氣、航行儀錶等設備的維護。這些專業人員人數占空軍總額的一半。

企圖把陸軍士兵或海軍水兵轉為維修人員，只會危及飛行員的性命。一九一九年，我從歐洲回國之後，第一次沿著國境訪問了美國的航空部隊。我驚訝地發現，我們的牛仔剛剛脫掉靴子就試圖去保養「自由型」（Liberty Engine）發動機，可以想像，這對這架飛機的飛行員意味著什麼樣的後果。

美國沒有將航空部隊獨立於陸軍、海軍之外的空軍軍種。效率差的地勤維修，令航空人員傷透腦筋，這將直接威脅到飛行員的生命，使他們對裝備失去信心，從而無法順利地完成他被賦予的任務。

地勤維修人員的待遇應該與民間機械專家相同，我們必須慎重地看待他們。看到這些專業人員，還要遵照地面部隊軍官的命令整天操練步兵隊形，真是太令我感到沮喪了。他們是需要出早操以保持良好的體力為飛機服務，但他們本應該用在飛機上的時間，被進行所謂的地面軍事教育和值勤佔用，這將造成非常可怕的後果。

我們還需要適當的人員，從事伐木、提水、清潔飛機、警衛等工作，同時還需要一些強壯的人來幹一些重活。

每一架在前線服役的飛機，應該擁有三架後備機，一架在國內後方，一架在開赴前線的途中，一架在前線附近。在訓練人員的基地，我們需要為前線的每個飛行員準備一架訓練飛機和一架後備飛機。因此，當一架飛機在前線，應另外增加五架作備用。

為了保證一架飛機能在前線隨時作戰，我們應該準備三個飛行員和二個飛行學員，一個隨飛機在前線，一個在前線後面不遠可於立即補充的地點，一個在前往前線的途中，兩個飛行學員在學校之中。

非空勤軍官應該儘量由那些已經成為飛行員或觀察員的人擔任，唯一的例外是合格的工程師和專業技術人員，他們作為技術人員，並不參與指揮。當然，我們也不指望他們能管理軍隊，他們只在特殊的專業發揮所長。所有的飛行員都應該成為軍官，我們應該給士兵和維修人員升遷的機會。

空軍的地面人員中，機械專家的人數占一半，另外一半則是警衛和維護機場的人員。每一架在前線作戰的飛機，需要有二十個人為其服務，十個為機械人員，十個是非技術人員。這樣看，空軍似乎需要經常維持一支龐大的隊伍為作戰服務，但事實並非如此。這是因為，空軍人員在擔任民間職業的時候，也能保持高訓練水準。汽車工廠的機械人員只需要經過很少訓練便能成為航空機械專家，製造業、冶金業和電報儀器與裝備製造業的人員經過訓練，也能精通空軍的任務。其實，讓他們在和平時期從事民間工作，比陸軍士兵和海軍水兵待在部隊裡要好得多，因為待在部隊，他們就得要陷入那老一套的勤務當中，這將使他們失去能力和敏銳。為了保衛美國，我們需要兩千四百架飛機，空軍部隊應該按照全國人口密度來決定分佈方案。凡是五千人以上的城市，都需要適當的空軍部隊駐防。這些部隊應該在城市附近駐守，他們的裝備需要儲存在庫房，我們只需百分之十的人員值勤，其餘人員都可以是預備役。

為了保衛國境和防線，我們應該部署一些滿編的空軍部隊，一旦有任何狀況，他們都能立即出動。飛機與城市中心的交通必須很方便，機場可以用於民用和商用，也能保持軍用。聯繫機場的航路應該由一個政府機構負責管理。飛行員和觀察員，每週將飛行一小時，每月飛行四小時，每年進行三、四週的演習訓練。當然，如果飛行員正從事民事航空或商業航空或其他種類的飛行，就可以不再進行演習訓練。我們應該充分信任他們。

這種制度簡單、經濟、有效，能吸收大量有志青年加入空軍部隊，從事飛行員、觀察員、機械師、地面人員等職務。如果按照陸軍和海軍的固有方法來管理空軍部隊是不行的，這將降低航空事業的發展效率。

除非依照上述意見制定成立空軍的法律，否則我國將不會有真正強大的空中力量。

第九章

為飛行員籌獲飛機和裝備

The Obtaining of the Aircraft and Equipment for the Flyers

如果我們沒有制定為空軍提供大量的、高品質的現代化飛機的制度，我們就不能在世界大國之間採取任何獨立的行動，我們就會像上次戰爭一樣受制於人。

空中力量的第二個重要條件，是為飛行人員製造飛機和設備。它需要一種有效率的方式，以確保設計、實驗、核對量產數字等工作。關於空中國防的本質是，我們能否打造出合適的飛機執行國防任務。盲從他國，只會導致災難，因為每個國家所需要解決的問題是不一樣的。

對一個靠近大海的島國而言，如果附近的大陸國家的人口中心和軍事力量供應中心離這個島國很遠，但大陸國家的實際海岸又靠近島國，則對這個海島國家的處境是極為不利的。大陸國家的空軍部隊能推進至海岸線，在很短時間內進入島國的領空，攻擊其政治經濟中心，而這個大陸國家自己的政治經濟中心則距離島國很遠，可能需要數小時的飛行。

飛機的使用原則、飛機的特性及其戰略運用，都要視國家自身情況而定。在上述例子中，島國需要建設主要用於防守的驅逐機部隊，這是因為進行遠端進攻需要一支大規模的空軍，而這麼大規模的空軍僅靠一個島國的力量是不可能建立起來的。在戰時，島國也無法保持其後勤補給的供應。空中力量與其對手的作戰效力，與突擊目標距離是成反比的。

驅逐機需要在本土上空作戰，為了滿足大的爬升力、靈活的機動能力和大量彈藥供應的需要，飛機需要降低速度、縮小活動範圍。相反，如果驅逐機遠離本土作戰，則需要有強大的進攻能力和高速度與對手戰鬥，需要強大的俯衝能力實施對地突擊，並要有較大的載油量維持飛機的遠距離航行。另外，還需要有一定數量的驅逐機與企圖從高空進行突破的敵機作戰，這就需要一種特殊裝置以確保發動機能在兩萬五千至三萬五千英尺的高空維持功率。這種特殊裝置就是增壓器，增壓器是一個由發動機廢氣驅動的渦輪。渦輪驅動一個空氣泵壓縮空氣並將壓縮空氣輸送到汽化器，從而使發動機能在很高的高度上仍能保持與海平面一樣的氧氣量。否則，發動機就會因高空空氣稀薄，從而使汽油得不到足夠的氧氣與之混合而無法保持功率。為保持發動機的功率，是可以採用人工方法提供氧氣。同時，在這些高度上，我們的飛行員和觀察員以及其他機組人員也需要人工供氧。這只是飛機根據特殊需求製造的其中一個例子而已。

為了勝過對手，我們在設計飛機時，需要不斷地改進並盡可能地了解對手的裝備。一個國家一旦落後，就難以再有超過對手的機會，沒有領先的知識和能力，是完全不可能超越對手的。

飛機的發展通常依照下述方針：

一、現役部隊所使用的飛機一定是國內最先進的，比任何飛機都要好；

二、工廠中正在製造的飛機，要比現役部隊正在使用的飛機好；

三、正在設計和實驗的飛機，要比前兩種飛機更好。一種飛機正在使用；一種飛機正在製造；一種飛機正在繪圖板上等待試製。

這是世界上所有強國會採取的發展飛機的方法。

這種體系是經過多年的經驗歸納出來的結果，而不是一時衝動所制定的。如果不採取一個連續政策製造飛機，空軍就無法擁有最先進的裝備，也無法保持領先地位。

現在，我們需要三種不同類型的驅逐機。

第一種，用於保衛大型的政治經濟中心，如紐約市、匹茲堡鋼鐵區、巴拿馬運河區以及類似地區。這類飛機必須具備快速爬升的能力，高機動能力，大載彈量。為此，它可以適當降低速度、縮短飛行時間。

第二種是進攻性部隊使用的轟炸機，它的設計需要滿足遠離本國去攻擊海上任何艦船的要求，必要的時候，這些飛機需要能飛抵亞洲或歐洲。我們應該擁有航程達八〇〇英里的飛機，其油量有一半應裝載在拋棄式副油箱裡，以便戰鬥時可以丟掉副油箱，減輕飛機重量，提高速度和增強機動能力。副油箱上可以裝備引爆裝置，使它投下後能產生燃燒彈的效用。

這種飛機需要具有二〇〇英里的時速、數挺機關槍，能夠攻擊距海岸線三〇〇英里之內的艦船和敵機，它橫貫陸地飛行時中途僅需停靠三、四站。有一支這類型的驅逐機部隊就能掩護芝加哥、班戈、緬因三角地區，三至四小時即能從紐澤西州北部的一個中心點飛抵乞沙比克灣。上述三角地區是美國的戰略心臟。另外，百分之二十的驅逐機需要具有良好的高空作戰性能，可爬升至四萬英尺，它可以在任何需要的時候掩護轟炸機執行任務。

轟炸機至少需要攜帶二枚炸彈，以炸傷、炸毀和炸沈海上最大的戰鬥艦。會這樣規定理由是，飛機第一次投彈可能不會命中，需要修正瞄準再進行第二次投彈。這就增大了命中率，因為經過修正瞄準的第二次投彈命中率要比第一次大上許多倍。當前，我們的轟炸機必須能攜帶二枚兩千磅炸彈或一枚四千磅的炸彈。轟炸機必須裝有增壓器，以便飛機可以在從地面直至三萬五千英尺的高度上任意活動。

用副油箱代替炸彈，飛機的航程可以增加一倍，不帶副油箱它能飛行八〇〇英里，帶副油箱它能飛行一千六百英里，甚至兩千英里。通過這種方法可以增大飛機的載油量，轟炸機可以降落並給伴隨飛行的驅逐機補給燃料，擴大驅逐機的活動範圍。

如果把轟炸機當作運輸機使用，它就能攜帶上噸的儲備彈藥、食物、零件、機械設備或其他需要的東西。也就是說，這樣的一支空軍能在很遠的距離維持本身的交通和補給的需求。一九二一年秋，西維吉尼亞州發生騷亂，聯邦軍隊被派往那個地區，我所在的航空旅的兩個中隊奉命前往西維吉尼亞的查爾斯頓支援。這裡位於阿勒格尼山脈中部，交通不便，很難前往。接到命令四個小時之後，空軍部隊就出發了。這些飛機曾在海上炸沈戰鬥艦。各中隊由雙座德哈威蘭飛機組成，馬丁轟炸機作為中隊的運輸機，運載了藥物、食物、設備、炸彈、彈藥和零件等補給品。從那以後，我們的空軍部隊在各種條件下能夠自我運送補給品，包括冬天在北密西根的冰雪中執行任務時也是如此。

轟炸機與驅逐機的比例，應保持一比二，其中我已經強調過，百分之二十的驅逐機要具有高空性能。如果我國擁有數個由二〇〇架驅逐機和一〇〇架轟炸機構成的、裝備良好的空軍部隊，我們就不擔心來自空中或海上的入侵了。

第三類飛機就是攻擊型的驅逐機。它是在歐戰中與地面部隊協同作戰發展起來的機型。這種飛機與空中力量的發展有一定的衝突，因為空中力量應該用於攻擊敵人後方政治經濟地區，或者攻擊敵方的工業區、鐵路或貨運集散區等地。這些是空軍最能發揮作用的地方。他們能夠瓦解沒有飛機或飛機性能很差的敵人的鬥志，制服野蠻部落和組織渙散的軍隊。

這種攻擊機的籌獲需要考量到其目的和用途。攻擊機需要有八〇〇英里的航程，為了有對地作戰的能力，它需要裝備四至六挺機槍。

攻擊機一般是由一〇〇架組成一個大隊，根據敵方空軍的實力，派遣驅逐機掩護。當攻擊機在海岸、國境內或某些需要掃蕩的地方活動，也需要防禦型驅逐機來掩護。攻擊機部隊之所以需要防禦型驅逐機來掩護，是因為攻擊機執行任務時要反覆攻擊目標。例如，當攻擊機大隊攻擊地面汽車運輸隊時，它們需要在進入公路的山口、某種隘路、兩邊有水的堤道或其他車隊不能脫離的地方，攻擊隊伍前方和後方的汽車，使它們起火堵塞道路，然後繼續攻擊其他車輛，直到整個車隊被摧毀為止。這時，驅逐機部隊應在上空盤旋，防止敵方驅逐機俯衝下來騷擾我方攻擊機。這種攻擊方法也適用於攻擊行軍中的縱隊、火車、船隻等目標。防禦型驅逐機和攻擊機的比例，應為二比一。

我們所建造的飛機都應該是全金屬結構的，以便於儲存，可在任何天氣下露天停放。將來，我們不可能建造很多機庫來保護飛機不受天氣影響。飛機需要不論四季、不論天熱或天冷都可以使用。如果我們能正確地沿著這個指導方向發展，這些目的是不難達成的。飛機應該具有在陸地、雪地、水上著陸的設備，它們可以晝夜飛行，也能在雲間和風暴中飛行。

人們常說，建造一架飛機的時間不少於建造一艘戰鬥艦的時間。確實如此，一架飛機從構思設計到量產交運部隊使用，需要好幾年的時間。

首先，我們需要確定飛機需要什麼性能，它需要多快的速度，飛多高的高度，多大的載重能力，多遠的航程，是在水上還是陸上著陸等等。

這些要求有的能夠被滿足，有的只能採取折衷方案。

之後，我們將要在風洞中實驗飛機模型，測試空氣對這種飛機的影響。風洞是一個小管道，直徑為幾英尺，洞內的風是以人工的方式產生，風速設計與飛機在空氣中運動的速度相當。測試時，飛機模型被吊掛在精密的天秤上，由天秤顯示出風對飛機模型產生的各種壓力。如今，我們的測試方法變得更為精確，以致第一架樣機一造出來，它就能正常飛行。當然，我們仍需要做進一步的試飛和改進工作。

當飛機的空氣動力性能在風洞中驗證後，接下來就是要打造飛機的全尺寸實體模型了。這架飛機由電線和木頭製造，它與實物尺寸相同。而且，我們將在飛機裡各個適當的位置上安裝飛機應有的全部儀錶、操作系統和零件。這種實體模型是將來實際飛機仿照的對象。

接下來，我們將製作「生產藍圖」。這是一項非常複雜的工作，因為每架飛機有上千個零件，每個零件都需要精準地繪製，以便每個零件能按圖製造出來。如果每架飛機都是手工製造，其費用將令人無法承擔，而且製造時間也會非常長，甚至有可能它還沒製造出來，就已經過時了，而且手工製造的零件也無法互換使用。

如果我們將飛機製造工作交由一些工廠承擔，提供準確的藍圖給他們，則我們每天能得到三〇〇至四〇〇架飛機。已經接到訂單的製造工廠，需要事先生產幾架飛機，將它們交給部隊和技術部門進行測試，由其決定工廠所生產的飛機是否合格，是否能滿足各種飛行要求，並做最後的修改。當然，這就需要對原始藍圖做進一步的改進。修改後影響很大，修改次數過多，將延長飛機的交運日期，並大幅度提高製造成本。這對那些已經準備好模具和設備的廠商來說是非常不利的。因此，政府部門在訂貨前，所制訂的技術規範、設計藍圖和要求必須非常準確，使廠商能夠按照規定製造。

我們的政府已經用盡方法以獲得適合的航空裝備。航空發展初期，我們還沒有多少人員從事這項工作，當時因為還沒有民事航空，從事這項工作的人都是無利可圖的。所有的飛機訂單都來自於政府，而且所有的飛機都用於軍事。這就逐漸導致了政府對飛機需求的壟斷，政府自己負責研發工作，接管所有的飛機設計工作。這種制度限制了民間力量，政府所建立的飛機工廠形成了壟斷，增加了飛機的成本，大大地阻礙了飛機的進步。

為飛行員籌獲飛機和裝備

現在，先進的航空國家已經制定了一套相當明確的飛機訂購制度。空軍作戰部根據實際需求提出需要什麼類型的飛機，然後由工程部或技術部把空軍作戰部的要求寫成航空工程師能理解的技術語言，接下來由工程師提出資料。生產藍圖完成後，決定生產飛機的廠商就展開競爭。不是所有的工廠都能生產合格的飛機，那些專門從事飛機製造的廠商更具有優勢。這時，我們需要一份有能力製造出好飛機的工廠名單。

政府仔細核算成本，並選擇工廠。任何想要製造飛機的廠商，只要達到標準，就可以被列入候選名單。這種制度是為了防止不具備生產能力的廠商擠進來。我們要阻止以次充好的飛機，如果政治介入了採購程序，那就會出現毫無用處的飛機，這將危及飛行員的性命。

現在，我們已經有了製造飛機的最好方法。在這階段，我們還需要實驗材料的強度和進行飛機性能試飛。之後，生產單位嚴格按照制度將訂單分配給飛機製造商，該部門要按照工程部門的要求檢查飛機每一個零件。最後，生產好的新飛機在航空供應站集中，在這裡保持隨時交還部隊使用的狀態。

飛機生產不應以政府為對象，這樣的結果就是，價高質次，甚至形成政治控制，以政府為基礎遠遠不如民營工廠承攬製造來得好。

空軍的供應系統應該由三大部門組成。首先，國內的主要供應站負責集中所有工廠製造的散件器材並準備好向部隊發送。它負責發送所有裝備，飛機、槍砲、信號設備、無線電裝備、照相機、各類儀錶、汽車運輸和所有附屬的小零件。

每個供應站分為三個主要部門：第一是供應部，負責發送所有器材；第二是維修部，負責對需要更新或替換的任何裝備進行維修；第三是廢舊物資利用部，負責回收或拆件運送到供應站的破爛和受損的飛機和器材，取下能重新使用的有用部分，將其餘的挑出來出售或進行其他處理，廢舊零件利用能節約大量金錢。

主要供應站通常需要備有一年的裝備，以便可能出現的緊急任務之需，因為一旦發生戰爭，我們從規劃、生產然後供應給軍隊，需要很長一段的時間。

第二個是，航空供應基地。在靠近部隊的地方需要設立一個供應機構，隨時移動並能自主地為部隊供應物資。這種供應站在世界大戰期間，我們稱它為航空供應基地。當戰爭發生時，航空供應基地能提供飛機替換部隊所使用的飛機。此外，航空供應基地還需要備有兩個星期的燃油、彈藥、料件的供應量。航空供應基地和供應站一樣，由供應、修理和廢舊物資利用三個部門組成。

最後的供應部門是飛機維修廠，它直接為某個空軍部隊維修飛機。這些維修廠應該常備三天的物資供應量。維修人員修理飛機就像汽車司機用車上的工具修理汽車那樣。飛機維修廠也分為供應、維修和廢舊物資利用三個部分。每個飛機維修廠直接負責所配屬的作戰單位的全部物資供應。

為了提高工作效率，飛機的型號應該盡可能地少，世界大戰結束時，我們在前線有十一種不同型號的飛機，大約一半已經停產。如果在戰爭開始時，我們能按照實際需要建立供應體系，那麼供應部門的人數和那些負責運送飛機及汽車零件所需的人數都會減少一半多。

飛機需要零件來替換，幾乎每次飛行之後，都需要更換零件。不論何時，一架飛機出動，就需要供應必要數量的料件，以保證它能完成飛行任務。不然，我們就只能從另一架飛機上面去拆下要提供給其他飛機所需要的零件了。

創新和實驗工作必須同時進行，我們必須跟上航空強國的步伐。我們還需要有遠見卓識，至少要看到七年之後的戰爭需要什麼樣的飛機。

如果在戰爭開始時沒有充足的飛機，我們就永遠不能獲得制空權，整個國家都將遭到空襲，製造飛機和人員訓練的工作將全部陷入停頓。那時，我們只能將沒有經驗的人員和品質次等的飛機送去與訓練有素、設備先進的敵人交戰。

如果在上次歐洲的世界大戰中我們不是從歐洲國家取得最好的裝備，我們的空中力量發展就毫無希望，因為我們已經不能建構出名副其實的空中力量。不要期待我們擁有比他國更快、更多、更便宜的製造飛機的能力，就可以等到戰爭開始之後才去製造飛機。這是完全不可取的錯誤政策。如果我們沒有制定為空軍提供大量高品質現代化飛機的制度，我們就不能在世界各大國之間採取任何獨立自主的行動，我們就會像上次戰爭一樣受制於人。

第十章

防空作戰

The Defense Against Aircraft

一旦我們在空中擊敗敵機，就沒有什麼能阻止我們繼續戰鬥了。

發生在歐洲的世界大戰證明，想要有效地抵禦敵人的空襲，只有在空戰中擊敗敵人的空軍部隊。換句話說，就是要抓住主動權，迫使敵方在其領土轉入防守，襲擊敵方最主要的陣地，威脅其在機場、機庫、飛機製造廠的飛機，迫使敵機升空進行防禦。如果在自己的領土上等著敵人來進攻，那麼戰爭還沒開始，我們就已經失敗了。

在蒂耶里堡戰役中，當我們的航空部隊第一次到達前線不久，德國就已經完全掌握了制空權。他們集中大量飛機擊潰了配屬於法國第六軍團的航空隊，並且迅速地佔領了法國機場、俘獲了尚在機場裡的飛機。

一九一八年六月二十八日，我們從圖勒地區前去支援正堅守著馬恩河一線的法國第六軍團。當夜，我們到達了目的地。在法國人的指揮下，我們沿著戰線執行攔截巡邏任務。這樣的任務，每次需要有五至六架飛機編成小隊，沿著大約十英里長的戰線來回巡邏，以阻止任何一架敵機闖入我方陣地。法國人規劃了若干個巡邏區，想以此封鎖整個戰場當面。如果德軍只有一、兩架飛機，這種方法可能有效，但德國人集中他們的航空兵力，以壓倒性的數量優勢，突擊我方巡邏隊，並將其擊潰了。短短幾天，我們承受了極為驚人的損失，我們犧牲了大量的精英，如昆廷、羅斯福、阿倫．溫斯洛等人。

在巨大的損失下，我們勇敢的飛行員飛越德軍陣地，從拉費泰蘇茹瓦爾（La Ferté-sous-Jouarre），越過費爾昂塔德努瓦（Fère-en-Tardenois）到達蘇瓦松（Soissons），穿越了整個法國。我們發現了德軍在費爾昂塔德努瓦的供應中心。在這個供應中心，放滿了彈藥、機關槍、火砲、燃料、汽油和潤滑油、運輸車、浮舟，以及足以滿足一個軍團所需的所有裝備。

這讓我們欣喜若狂，因為我們只要投下幾顆炸彈就能徹底摧毀這個供應中心，給對方造成巨大的損失，甚至致使其無法正常作戰。我請求航空隊提供支援。到這時候，我們連一架轟炸機都沒有了。法國空軍無法前來支援我們，因為他們正在竭力掩護受到德國強大攻擊威脅的法國第四軍團的戰線。我們轉而請求英國派來空軍旅，這個旅由三個雙座德哈威蘭公司製造的DH－9型轟炸機中隊和兩個驅逐機中隊組成。兩個驅逐機中隊到達時鬥志旺盛並準備隨時出動。

第二天，協約國空軍部隊在拂曉時開始空襲費爾昂塔德努瓦，我們美軍的四個中隊，英軍的兩個中隊，從三個不同方向前往費爾昂塔德努瓦。大約三十六架英國轟炸機從五〇〇至一〇〇〇英尺的高度發動攻勢。它們擊中了幾個彈藥堆積所，引發德國人的恐慌。德國驅逐機立刻出擊，集中防守費爾昂塔德努瓦，他們當天擊落了十二架英國轟炸機，而我們也以沈重的代價擊落了很多德國軍機。戰火已經轉入德國領土上空，德軍不得不停止進攻，轉而防禦費爾昂塔德努瓦。他們無法突入我們的防線，因為這樣他們防守費爾昂塔德努瓦的力量就會削弱。儘管德軍的飛機數量多於我方，但我們找到了德軍的弱點並掌握了主動權，迫使其處於防守地位。

如果德軍能在我們後方找到一個類似於費爾昂塔德努瓦那樣的地方，他們也會以同樣的方法來對付我們。但我方的軍隊是通過多路集結，而德軍是以費爾昂塔德努瓦為中心擴射出去的。

如果無法或者難以取得主動權，唯一的應付方法就是在地面使用高射機槍、高射砲，配合驅逐機行動。想要在地面利用火砲將飛機從空中擊落幾乎不可能，飛機總是以雲層、陽光或暗夜為掩護。一旦我們在空中擊敗敵機，就沒什麼能阻止我們繼續戰鬥了。

首先，我們需要先發現敵機。雲層、夜色、風暴、陽光，都影響偵察行動。現在我們採用的大型螺旋槳使噪音變小，發動機聲音也減小到和汽車發動機一樣，所以敵人要想聽到飛機發出的聲音是越來越難了。在世界大戰時，小型螺旋槳在空氣中旋轉會產生很大的噪音，地面監聽系統能很輕易地探察到飛機的位置，現在就不一樣了。

真正的空襲開始前，往往需要進行許多佯動。飛機從不同方向出發，吸引敵軍驅逐機的注意，還能使防守方消耗大量高射砲彈。夜間的佯動，能嚴重損耗敵軍砲手的精力。地面防空體系——聲音探測器、探照燈、高射砲都無法抵擋巧妙的空襲，也無法對飛機產生嚴重的影響。

除了高射砲，世界大戰時期各國還在要地周圍採用了氣球攔阻網，在飛機可能飛過的地方形成障礙。氣球攔阻網的用途在於切斷機翼，碰壞螺旋槳或者使飛機墜落。但是，飛機能發現這些氣球並將其擊落。我就從未見過有這種氣球攔阻網產生過多大的用處。

現代戰爭中，轟炸機可以吊掛航空炸彈和滑翔炸彈，以便於擊中遠距離的大目標。滑翔炸彈以地心引力作為其推進力，它每下降一千英尺，就能前進一英里。飛機在一萬英尺高度上投下一顆這種炸彈，它就能前進十英里。陀螺儀或無線電控制引導它們飛向目標。航空魚雷也能用無線電控制引導，但它落海後的航行距離要按照其燃料多少來決定。

戰爭時期，我們的導航方式很原始，不得不在夜間沿著海岸、公路、河流來尋找目標。敵人針對這一特點，沿線部署監聽站，設置氣球攔阻網、探照燈、高射砲和高射機槍。加之，那個時期我們的重型轟炸機飛行高度不高，噪音也很大，很容易被敵人發現。現在，我們有了更先進的導航方法，不論是用無線電定位儀，還是其他能顯示飛機在該航向上已飛了多遠的儀器，都能精確地估計飛機位置，無需再像以前那樣去尋找地面上的目標了。

如果不按照戰爭經驗而深思熟慮得出的方法，只採用一套地面防空系統單獨對付飛機是白費力氣的。地面部隊對空中力量完全不了解，他們總是想當然爾地認為，高射砲能夠抵擋空襲。這簡直在罔顧事實。公開宣傳這種說法的危害是巨大的，這樣會使人民認為他們只要有高射砲就安全了，而這根本就不安全。同樣，想用火砲防衛海上艦艇，要比在陸地上用火砲保衛要地更難，因為船不是固定不動的。

真正能使敵機遠離目標的方法，除了遠距離襲擊敵空軍部隊外，最好的方法就是：一〇〇架左右的飛機編成編隊，在一萬五千英尺高度上以一〇〇至一三五英里的時速飛行，在到達目標之前，編隊保持密集隊形，以便隊長能指揮每架飛機，並集中進行突擊，然後編隊返回原機場重新快速加油、掛彈，連續攻擊。如果敵機不具備遠距離外攻擊能力的話，就只能飛往城市上空與我方飛機交戰。

我方的驅逐機隊需要在接到命令後二十分鐘內升空，並爬升到一萬五千英尺。它們要在敵機編隊到達之前上升到這一高度，以便做好集中攻擊敵機的準備。這就需要我們至少在一〇〇英里外就發現敵機編隊，以便我方有充分的時間了解敵方的實力、部署、數量、可能的目標，並制定正確的應對措施。為此，我們需要在被保衛的目標四周部署陸上和空中觀察站、監聽站。

僅僅依靠監聽站是不夠的，科技進步很快，飛機的噪音越來越小，我們必須經常在空中不斷地保持監視行動，才能及時發現敵機的行蹤。

一九一八年十月下旬至十一月上旬，我們防守阿格納地區，為了抗擊德國轟炸機的夜襲，我們沿著戰線佈置了監聽站。這些監聽任務由陸軍執行，有線和無線電與監聽站後方的部隊——高砲陣地連通。高砲陣地之後則是探照燈陣地，探照燈後則有驅逐機部隊不斷地巡邏，每架飛機負責巡邏五至六英里前線地段。夜間，我們的飛機將上升到一萬英尺的高度，關閉發動機滑翔，尋找信號燈所報告的敵機位置，以及高射砲發射點，它們也負擔部分的警戒任務。當敵機接近我們的前線，監聽站就會發出報告，高射砲開始攔截射擊，探照燈光在天空中交織出一個光網。

敵機進入探照燈區，所有的探照燈光都指向敵機，我方驅逐機根據高射砲彈和探照燈的指示衝向敵軍轟炸機，開足馬力向它俯衝，以圖將其擊落。第一個晚上，我們就在這裡進行了五次戰鬥，把敵機驅逐回去。這時，德軍的轟炸機數量已經很少了，我們每天夜裡都能襲擊他們的機場，使他們不能在同一個機場上連續停留兩個晚上，必須不停地轉移。因為怕被襲擊，他們不停地轉移，以至於他們發生墜毀事故的機率增加，戰損率同步提高，指揮體系被削弱了。事實上，戰爭結束之後，在阿格納地區向我們投降的飛機中，只剩下八架德國轟炸機還可以使用。

沿海城市的防守必須延伸到海上，可在潛艦、水面艦或小型船隻上設置水上監聽站和觀察哨。

我總結出關於一個地區的完整防禦的幾條建議，分列如下。

第一，由一個監聽站和報告站所圍成的圈，至少要延伸到防禦區以外一五〇英里，並且要以航空觀察站和監視飛機來填補空隙。

第二，配有一個驅逐機編隊，其使用的機型必須爬升快、易於機動。

第三，應該建立成組的探照燈網，每組四十至五十座探照燈。在歐洲，我總是用三十座燈組成一群，其中二十座的位置是固定的，以照亮該區域的天空，其餘十座是活動探照燈，用於發現敵機並跟蹤它們。固定照明區通常可能是最危險的地方。當敵機進入防區時，這些固定探照燈一開一閉，而活動探照燈則搜索敵機並力求跟蹤它們。

第四，部署高射機槍和高射砲，將它們置於統一的控制之下，由航空指揮官或該地的防空負責人指揮。這名指揮官有一個巨大的狀態板，上面顯示出防區各部的細節，整個地區按飛機飛行五分鐘的地面距離畫出方格來。我們還要為地圖板下面裝上電燈，以便在控制板上顯示敵機的飛行方向、速度、數量和機型等資訊。

防空系統需要有獨立的專用電話、電報、無線電和急件傳遞系統，以便與所屬各部溝通，好互相傳遞消息。空中通信系統非常重要，如果它失去功效，就將造成極為嚴重的後果。因為飛機的飛行速度非常快，任何延誤都將導致空中作戰的失敗。通過空中通信系統，地區防空的每個單位都能發揮作用，並與其他部門協同作戰。

建立空中通信系統，是極為複雜、昂貴和困難的，但我們不得不堅持。在歐洲的世界大戰中，它已經凸顯示出了作為，它是唯一可以用於防止空襲的方法。在相當高度上，飛機是可以躲開驅逐機的攻擊的，而且地面上的機關槍、火砲或者其他任何地面發射的武器，都難以擊中飛機，因為高射火力的效力差。因此，那些僅靠地面高射槍砲或其他辦法就能防衛任何地區的想法，是絕對錯誤的。

在歐洲的世界大戰，我們的飛機極少是被高射砲擊落的。這是因為向空中射擊沒有任何基準點，諸如樹林或教堂的尖頂、公路交叉口或小山可以修正火力發射點。野戰砲兵要費盡九牛二虎之力才能擊中距離五、六千碼外的小型目標，這還是在有機會測距和修正火力的情況下。要擊落空中的飛機，即使在天氣晴朗的情況下，也很難做到。即使已經知道飛機的高度，也未必可行，因為高射砲彈的引信要定得十分精確，引信的定時只有幾分之一秒，若有一點小變化，砲彈就會偏出幾百英尺。

實際上，飛機的距離與速度是砲兵難以捉摸的，即使這些諸元都能被精確地測量出來，砲兵也需要在瞬間完成調定砲彈引信的時間、砲的擺動與瞄準，這在如此短的時間內是很難完成的。

高砲射手將希望寄託在重要地區周圍進行彈幕火網攔截射擊，把天空都佈滿了砲彈，這樣沒有一架飛機能夠飛過火網而不被砲彈擊中。事實上，這也是不可能的。因為這需要消耗大量的砲彈，如此巨大的代價是不值得的。

戰爭中，我們派遣偵察機飛臨敵方陣地上空，誘使敵人開火，天空中充滿砲彈，砲手們疲憊不堪。等到第二天清晨，我們再前去空襲，總是能獲得很不錯的戰果。

過去一年，我聽到了很多言論。這些言論稱，高射砲正在改進，它的威力已經和世界大戰時期大不相同了。我承認高射砲有進步，但它的進步與飛機在速度、爬升能力、減少噪音和隱蔽自己等方面的進步相比，是微不足道的。飛機可以直接攻擊高射砲陣地，使其火力失效，飛機可以採取的攻擊方式很多，如機槍掃射、用滑翔炸彈、直接投彈等方法，炸毀高射砲陣地。

高射砲的平均造價為二萬至三萬美元，它每分鐘能發射二十發砲彈，每發砲彈造價為二十至三十美元，每發射五百至兩千發砲彈，就需要進行檢修。

如果一個地區採取防禦態勢，防空部隊就要像海岸砲一樣固定在一個地方，由一個能幹的、果敢的指揮官統一指揮，由他來指揮調度防止空襲，這時候就可以採用我的這個方法：佯動迷惑敵人，在真正目的地發動主攻。

唯一抵擋敵機空襲的方法，就是盡可能地遠離自己的地方打擊敵機，絕對不要採用從地面上用機關槍和高射砲防禦國土。

結論

Conclusions

空中力量的發展促使我們重新制定國防計畫。

空中通信的可靠性、快速性，使我們可以前所未有地綜合使用所有不同類型的部隊為國防事務出一份力。一個國家和另一個國家發生武裝衝突時，空中力量的影響力是舉足輕重的。飛機，可以飛越海洋和大陸，可以從空中飛抵全世界。

以上情況導致的結果就是，我們必須徹底了解每個軍種的能力和限制，使國防力量的每個環節與其他部分結合起來，發揮最大的功效。

空中力量出現以前，國防力量主要由陸上和海上力量組成，那時候，海軍負責海上作戰的所有任務，陸地和陸地上空的各項作戰任務由陸軍負責。這兩個軍種的任務只有在海岸附近的一小部分地區重疊，但這不是什麼大問題。

現在，陸上作戰的空軍部隊能在作戰半徑範圍內控制海面及其上空，在此距離內，海軍已經不再是最大的勢力，海軍保衛海岸的任務已經可以交給航空部隊，海軍的任務必須延伸到飛機的作戰半徑之外。用於海岸防禦的陸上部隊和陸上設施（例如岸防砲）也可以取消，其所耗費的人力物力都應該用在空中力量上。

陸軍和其任務大體上與以往相同，需要改進的是要在步兵周圍集中使用砲兵，並使其獲得最大的機動性。

空中力量需要有明確的職責範圍和任務，它的任務就是國土防空。如果不把空軍的任務給明訂下來，那麼我們在航空發展方面的投入，將被陸軍、海軍和其他軍種浪費，無法獲得最大的效益。

所有的強國都在建設空軍，以便在遠離國土的地方打擊敵人，其目的在於使戰鬥遠離本國國土或海域，使國家免受戰火侵襲。

在有限的人力、物力下，建立一支活動範圍盡可能大的空軍部隊是建立空中力量的基本原則。

確立了基本原則後，我們需要有地方性的航空部隊，以保衛國家最重要的政治經濟中心，比如紐約。關於這些要地，我們需要有效地利用地面力量和空中力量來加以防守。

之後，我們要建立配屬陸上和海上軍事單位的輔助性航空部隊。輔助性航空部隊通常被稱為觀察兵，它與其他輔助力量一樣，應追求以最小的投入換來最大的效果。

在建立我國的空中力量時，我們必須要想到的是：空軍、地區性防空部隊、輔助性航空部隊。地區性防空部隊和輔助性航空部隊還應具有執行進攻性任務的能力。

我們需要集中指揮空軍。現在，我國的空軍可以在二十四小時內飛行一千至四千英里，大大超過陸軍和海軍所能移動的距離，如果我們在乞沙比克灣到緬因州之間建立一個防區，空軍可以在幾小時內將該區域搜索一遍，如果用地面部隊來防守，將需分割成幾個小防區。如果把空軍配屬給地面部隊使用，它只能被零散地使用，而無法在關鍵時刻發揮最大效用，所以空軍部隊都應該直接由三軍統帥給統一指揮。

地區性防空部隊同樣應該由三軍統帥統一指揮，但它要保衛地方，所以需要與當地的地面部隊密切合作。

輔助性航空部隊由所屬部隊司令官指揮，而其訓練、防區、偵察縱深、偵察方法和補給供應，應由空軍負責。

空軍還要建設飛行航線，控制空軍基地，徵召和訓練各種空軍人員，採購飛機、飛行器、軍械和零件等。

我們需要有遠見地制定空中力量發展計畫，我們的計畫需要以應對今後七至十年的狀況為基礎，短視的、錯誤的預估，只會給國家帶來嚴重後果。

對於未來可能出現的緊急狀況，我國空軍必須做好以下準備。

一、在美洲大陸建立一支進攻性空軍部隊，它將包括一個擁有一千兩百架飛機的空軍師，兩個分別部署在大西洋和太平洋沿岸的獨立旅（每個旅擁有六百架飛機）。其中三分之一為驅逐機，三分之二為轟炸機。

二、建立一個裝備一〇〇架飛機的地區性防空部隊，用以保衛我國的重要城市。在巴拿馬部署一個裝備一〇〇架飛機的地區性防空部隊，並建立一條聯通美國、波多黎各、西印度群島、古巴、墨西哥到巴拿馬的飛行航線，以便能夠用空軍部隊保衛該地區。

三、在夏威夷群島建立裝備三〇〇架飛機的空軍部隊，其中三分之一為驅逐機，三分之二為轟炸機。此外，還要在歐胡島駐有裝備一〇〇架驅逐機的地區性防空部隊。

四、至於菲律賓群島，由於其獨特的地理位置，我們需要在該地配備有兩個中隊，每個中隊擁有二十五架飛機，任務是反制地區性暴亂、偵察和發展群島間飛行航線。

五、在阿拉斯加，我們需要部署裝備三〇〇架飛機的空軍部隊，其中三分之一為驅逐機，三分之二為轟炸機。這支空軍部隊的司令部設在育空。此外，我們需要建立一條由美國本土到阿拉斯加、遠達塔姆和威爾士親王角，並南下阿拉斯加半島和阿留申群島到阿圖島的飛行航線。

六、關於人員設置，空軍部隊需要百分之十五的軍官和士兵服常備役，剩下的為後備役。空軍的行政管理、工程和供應部門應該都是常設機構。在巴拿馬、阿拉斯加，部隊應保持一半的實力；在夏威夷群島應保持滿編。地區性防空部隊和執行偵察任務的輔助空軍的兵力部署，應按其所執行的任務而變化。

與海軍和陸軍不同，航空人員的培養極其迫切，因為航空人員的折損太大，空勤部隊每年的死亡人數幾乎占陸軍死亡總數的一半，一九二一年為百分之四十二、一九二二年為百分之四十三、一九二三年為百分之四十七、一九二四年為百分之四十一。在戰時，航空人員的軍官死亡人數更多。因此，我們迫切需要與陸軍、海軍完全不同的人員補充、後備役，以及入伍、升遷和退役的制度。

應從我國受過良好教育、具有運動家精神、身體條件適合飛行的青年中招收空勤人員。在入伍後，他們可以按服役年限得到適當的升遷。優秀人員可以擔任指揮官，他們可以憑藉自己的任務和職務得到臨時官階。那些正常退役的人員，能得到與他們服役年限相應的退休金。我相信，這種制度能為航空勤務部隊提供更多優秀人才。

空軍軍官的教育體系，不應該遵循陸軍的模式，因為這種模式將使人員缺乏積極性，缺乏遠見，缺乏領導能力，而這些都是空軍軍官必備的素質。空軍軍官的培養應該由專業的航空教育機構負責，空軍軍官應該代替陸軍軍官對陸軍人員進行空軍職能的教育。可悲的是，我們的空軍軍官現在主要是在地面接受培訓，空中培訓反而排在了後面。

當前，我們的國防預算也是不合理的，它阻礙了空中力量的發展。空軍與陸軍的關係，和海軍與陸軍的關係不同，它需要在空中擊敗敵方的空軍，然後再摧毀敵方的陸上或海上設施，它的預算應該是獨立於陸軍和海軍之外的。

當前，空軍還是陸軍和海軍的一部分，空軍沒能獲得重視，無法建立一個能從敵人手中奪取制空權的部隊，因為人們還是認為陸軍建設以步兵為主，海軍建設以戰鬥艦為主。

統一的戰術訓練是必要的。當前，在美國的陸軍或海軍的航空部隊之中，還沒有統一的戰術教育。而全世界的列強都有統一的空軍司令部，與其他軍種分離的空軍戰鬥部隊則由最高統帥指揮。與此相反的是，美國的航空部隊沒有單一的司令部，實際上，美國沒有空軍。

一個軍種單打獨鬥作戰的時代已經過去了，空中、陸上和海上部隊，必須結合成一個整體，在三軍統帥的指揮下，保衛國土。

根據我多年服役的經驗，以及我們對各國航空機構的了解，我確信，美國軍事航空之所以如此效率低落，民事和商業航空如此落後，民眾的航空知識如此貧乏，是基於以下原因：

一、缺少一個與陸軍和海軍平等的、掌握全部航空問題的航空部門。
二、沒有清晰的航空政策。
三、缺少因應上述政策的軍事機構與民事機關。
四、缺少為航空事業提供適當人才的制度。
五、航空事業缺乏統一的採購和供應的制度。

六、缺少指導和檢視航空部隊現況的制度。

如果我們無法解決這些問題，美國空中力量將永遠沒有出頭之日。

空防論

現代空權的發展與遠景

Winged Defense: The Development and Possibilities of Modern Air Power--Economic and Military

作者　米契爾（William "Billy" Mitchell）
譯者　唐恭權
總編輯　富察
責任編輯　區肇威
企劃　蔡慧華
封面設計　薛偉成
內頁排版　宸遠彩藝

社長　郭重興
發行人兼出版總監　曾大福
出版發行　八旗文化／遠足文化事業股份有限公司
地址　新北市民權路 108-2 號 9 樓
電話　02-22181417
傳真　02-86671065
客服專線　0800-221029
信箱　gusa0601@gmail.com
Facebook　facebook.com/gusapublishing
Blog　gusapublishing.blogspot.com
法律顧問　華洋法律事務所／蘇文生律師
印刷　成陽印刷股份有限公司
出版日期　二〇一八年五月／一版一刷
定價／三二〇元

空防論 : 現代空權的發展與遠景 / 米契爾 (William "Billy" Mitchell) 著 ; 唐恭權譯 . -- 一版 . -- 新北市 : 八旗文化 , 遠足文化 , 2018.05
208 面 ; 14.8 × 19.5 公分
譯自 : Winged defense : the development and possibilities of modern air power--economic and military
ISBN 978-957-8654-14-3（平裝）

1. 空軍　2. 制空　3. 戰略思想　4. 美國

598.952　　107006234